# 愛與戀

## 從談情說愛洞見品牌新商機

王福闓

**「品牌經營，像極了愛情。」**

**品牌與行銷在當代社會中的存在價值，就是為了滿足人類的慾望；而愛情本身就是其中不可或缺的一項。**

**讓我們一起隨著本書，讀懂行銷與愛情的戀人關係，洞見品牌的價值與商機。**

Love & Romance

推薦序 1.

# 共赴一場愛情行銷的冒險

**民視新聞記者 易俐廷**

身為記者，最喜歡遇到的受訪者，就是可以在有限的時間內，精準、不拖泥帶水地，說出言之有物的內容。對我來說，王福闓老師就是這樣的人，任何行銷相關議題，他都能以淺顯易懂的方式，說出自己的見解。

有別於一般常見的行銷方式，愛情行銷其實是最冒險，卻是最容易打動人心的，對每個人來說，愛情有很多種不同的面貌、故事，如何結合自身商品特性，讓觀眾產生共鳴，看似簡單，卻又不簡單。

至於愛情行銷為什麼冒險？因為相較於一般餐飲行銷、親情或友情行銷，受眾相對較小，像我個人在求學時期，因為知道老師的喜好，作文常常以親情、感人路線的故事及筆觸拿到全班中的高分，但到了高中畢業考，我可以反其道而行，寫了我想寫的初戀故事，自認寫得感人，最後卻得到平庸的分數。

對某些人來說，愛情是內心最深處的那扇門，是不適合公開分享、談論的事。好的愛情行銷，就像鑰匙，能轉開那道門鎖，走進觀眾的世界，讓他們心裡的那座池子，產生一絲漣漪，又或者餘波盪漾；對我來說，那就是成功的愛情行銷。王福闓老師不只聚焦在愛情裡的甜蜜，就連危機、離別等各種情境，都寫入書中，相信讀者能透過他的筆觸，找到靈感與方向。

## 推薦序 2.

# 好攻略，讓避開愛情的坑

鏡電視財經記者 蔣欣倫

在愛情的領域，遇到正常人有多難？別人的戀愛看似簡單幸福，偏偏自己總是吸引渣男渣女？閱讀這本愛情行銷的多重攻略，帶你擺脫惡性循環、避免妖魔鬼怪。

## 推薦序 3.

# 讓我們讀懂愛情，看懂行銷！

財經記者 李孟珊

「愛是折磨人的東西，卻又捨不得這樣放棄……」莫文蔚唱出戀愛的酸楚、有情人的心聲；鐵達尼號雖然沉入大海，但傑克與蘿絲的故事卻千古流芳。「愛情」深深烙印在大眾血液、無法切割，自然成為創作的熱門題材。如何成功將「愛情」用於廣告、行銷，透過王福闓老師一針見血、鞭辟入裡的分析，讓讀者都能讀懂愛情，看懂行銷！

## 推薦序 4.

## 品牌與愛情都是一輩子的課題

**八大民生新聞主播 曾于馨**

有人說情人節是商人的騙局，卻有不少善男信女義無反顧投身陷阱，而且樂於其中。愛情對多數人來說是一輩子的課題，品牌業者掌握訣竅，也能恰到好處的，在消費者你情我願的情況下，將這股力量化為助力。

## 推薦序 5.

## 願本書做你的嚮導，幫你抓住對的人

**航空業達人 王福舉**

感情就跟出國旅行一樣，是每個人一輩子必定都會體驗到的一段必經旅程。

遇到對的人，旅程也許可以更加順利，但也可能就此依賴他人，而缺乏自己規劃行程的能力；一旦當對的人離開，瞬間立刻退化成一個孩子！

遇到錯的人，旅程會成為一段你不想再浮上心頭的回憶，但深刻的反省將可能激勵你在未來旅行的規劃上更為得心應手！

母胎單身的人，或許每一段旅程都總是孤單一個人，但對於自己能夠獨善其身，能夠讓自己在人生旅途中永遠做自己的主人，也未嘗不是件壞事；畢竟能夠學習與自己獨處，也是件不容易的事。

在此推薦本書！因為人生中的每一段感情就是一段旅行！你的參與度越高，越能體會到旅行帶給你的意義，甚至激勵你做自己感情的嚮導！

## 推薦序 6.

## 行銷愛情，愛情行銷

世新大學社會心理系副教授 / 華人情感教育發展協會創會理事長
詹昭能 博士

「愛情行銷學」——不管從哪個角度來說，都顯得很有趣！

首先，就個人來說，談戀愛若有行銷的概念，顯然會比較容易「上路」。前提是個人要「有料」，就跟被行銷的商品一樣；畢竟「真正的愛情」講求的是長長久久，即使是「不婚」的那一種，不是嗎？

關鍵是：行銷是歷經商場考驗的一種贏的策略與技巧，因此，「愛情行銷學」應該可以幫助愛情迷航的相關當事人「上道」一點兒？進一步說，行銷講求品牌的塑造；就愛情來說，人有個別差異，愛情的版本各個有別；「愛情行銷學」的概念有助於促使個人「知己知彼」，從而重視並凸顯自己的特色，以便在愛情的戰場上一舉攻克種種的難關！

還有，「愛情行銷學」也探討了愛情的整體性行銷課題；例如〈銀髮族的愛情也可以很浪漫〉，提醒遲暮之年者正視愛情，進而以品牌經營概念，重新找到幸福的愛情之道！然則，身為行銷專家的作者，「企圖心」顯然不僅止於行銷愛情，重點是愛情與品牌行銷的相互為用。例如〈異國愛情的新商機〉討論了愛情商機議題。又如〈愛情的第一次，難忘的初戀回憶〉一文，有助於激發讀者，從愛情中尋找行銷的創意與靈感。還有，〈刺激的浪漫時光，一夜情行不行〉，足以提醒行銷創意者別陷入「一夜情式」的設計而不自知！

總之，無論中外，愛情永不退流行。行銷愛情也好，愛情行銷也行，「愛情行銷學」very interesting，也值得一讀。身為愛情心理學長期耕耘者，因此樂於為之薦。

## 推薦序 7.

# 愛情化行銷為更具體的商機

諮商心理師／溝通講師／約會教練 瑪那熊

愛情是門好生意，也是個永不衰敗的市場。

我本身是位諮商心理師，專攻愛情心理、關係經營、協助脫單等，因此總會特別留意生活中與愛情元素有關的人事物。多年觀察下來，深刻覺得愛情是個極為強大的催化劑，讓單身者或情侶不知不覺就出手買單。對單身者來說，一個商品、課程甚至服務（例如占卜），只要讓他相信能結交正緣或告別母胎單身，再貴也會咬著牙掏出錢。就如同前陣子網路上熱烈討論的案例，有位工程師砸了十多萬元參加婚友社、購買所謂的「把妹課程」，就是為了想順利交到女友、終結單身。

又例如我曾在逛街時，聽到俏麗的女店員對著一名試穿衣服的男顧客說：「哇，這件真的很適合你欸，穿去約會一定很加分。」正當我暗自佩服店員的話術時，果不其然，原本猶豫不決的顧客，已經拿著衣服去櫃台結帳了；更別說網路上總有「全台十大靈驗月老廟」、「各地推薦的月老廟」等文章，詳細介紹各間不同特色的月老聖地。這些深受歡迎的月老廟往往香火鼎盛，祈求好姻緣的信徒絡繹不絕地前來參拜，希望在茫茫人海中遇到「對的人」。

會被「愛情」成功行銷的也不只是單身者，即使交往甚至結婚，也可能因此買單。除了每年的西洋與七夕情人節，甚至聖誕節、生日或週年紀念日，也成為龐大愛情商機的一部分。「跟另一半感情更好」、「讓對方不想離開你」、「小三老王退散」、「重燃熱戀的火花」、「提升性福」等，都可能讓處於不同階段、關卡的情侶夫妻們，懷抱「好像應該花這筆錢」來維繫或升級眼前感情的心態。

那麼，用愛情來行銷是否不妥呢？

我認為愛情是人們自然而然想要追尋的美好事物，從依戀理論（attachment theory）的角度來看，一段穩定陪伴、具有安全感的愛情，能讓我們更有勇氣與力量來探索世界，面對現實生活中的許多挑戰。「與契合的伴侶組隊合作，一起踏上冒險之旅」是一種良好的愛情依戀關係，也是許多人的目標。而「愛情行銷」就像從中找尋人們在這樣的過程中，需要什麼資源與道具，然後給予對方支援。

因此，只要商品並非欺騙浮誇、品牌提供的服務確實有效，那麼運用愛情行銷將好東西交付至情場需要的人手上，一方面搶下了這個商機，另方面也的的確確能幫助對方擁有幸福愛情；這種一舉兩得、利人利己的共好模式，相信在後疫情時代會更加大放異彩！

## 推薦序 8.

# 用行銷加值自己，愛情穩賺不賠

**永旭保險經紀人 資深副總 劉珈君**

如今常存的有信、有望、有愛，其中「 愛 」最大！（哥前 13：13）

但愛自古真是個難解之謎，許多曠男怨女，多執迷其中，追求幸福的消費者，造就了金曲排行榜及影視票房佳績！

「 行銷 」這個字的英文原文是 Marketing，「 愛情 」同行銷本身千變萬化，牽涉供需雙方的互動，亦包含了實體、虛擬、心理等變項，所以筆者初見王老師邀請我寫推薦序解謎，實在驚奇！

1849 年，年僅 26 歲便在戰爭中犧牲的匈牙利愛國詩人裴多菲曾寫下：「 生命誠可貴，愛情價更高，若為自由故，兩者皆可拋。」裴多菲將生命、愛情和自由作權重比較，可見愛情畢竟不是物品，也無法以投資收益來衡量！

因此筆者以保險學為基礎來表達，根據保險法契約，當事人為要保人被保險人受益人繳付保費擁有保障，若要被同一人，自戀者多有，但受益人必為上一代或旁系第二代，更或是喵星人等；要被保險人不同人時，則視受益人，若要保人同受益人，等待保險期間（愛情故事）的長短，最後受益的就是要保人，所以甘之如飴，因為愛情投資不會落空，會有預期報酬；若要保人受益人不同，則投入保費是他人受益，我們統稱為「 真愛 」，沒有回報的愛情（應該有很多歌曲旋律在各位腦中響起），於是繳費期間可能無法走到盡頭，於是又成了要被保險人同一人，自己更愛自己或愛自由！

當然在愛情的保險期間，可能有理賠的風險，造就簽定契約的意願，所以俗稱釣到金龜婿為高額保單，下半生不愁吃穿，但契約變更若受益人變了！愛的不止你／妳（現在受益人可以有一百人了！），還是建議靠自己，用投資學來好好行銷自己，畢竟愛情無價，無法測度，投資自己還是穩賺不賠，好好溫習「 愛情行銷 」，才能在別人的動態策略中得勝！

推薦序 9.

## 愛情與行銷的結合開拓嶄新視野

**西服先生／西服小姐 主理人 王文杉**

現代人生活的各個方面皆離不開行銷，不管是行銷商品、服務，甚至到行銷自己，行銷的確都擴及到了，甚至連愛情也能納入行銷的範疇。就如現在很夯的各大交友平台，也脫離不了與此連結。不論你贊成與否，作者提出若能關注此一趨勢，將企業經營與行銷手法創意結合，不僅能使品牌方達成銷售目的，又能喚醒消費者存於心中那愛情初始的酸甜感，這都是愛情行銷技巧的一部分！

相信同樣身為品牌主理人的你，一定能深深感受到行銷所賦予品牌的價值及重要性。個人因欣賞王福闓老師為品牌擬定的行銷策略與精準的分析，因而開啟了這段緣份。

自 2020 年開始 Covid-19 的出現，讓許多人面臨了離別、重聚，或是新的開始。許多的品牌以縮短遠距離情侶之間的情感隔閡為賣點，幫助伴侶們更貼近彼此的心。或許撇開情感的角度，用理性的角度來看遠距離戀情，用行銷的角度切入，才能幫助消費者更有效率地陪伴遠方的愛人。

透過本書作者獨特的觀察見解，一窺愛情結合行銷的雙向觀點，搭配貼近人心又深入淺出的文字表達，讀來饒富趣味，我不僅推薦行銷人一讀，也值得每個人細細品味這些見地所帶來的嶄新能量。

## 推薦序 10.

## 一本掌握愛情與行銷策略脈絡的寶典

**麗星國際娛樂有限公司／宏盛弘整合娛樂有限公司**

**企劃總監 陳琪瑗**

開心聽聞福閔學長又要出新書，繼《節慶行銷力》後，相信這次的新作《愛與戀：從談情說愛洞見品牌新商機》想必很快就會出現在暢銷書排行榜了！

對於福閔學長我一直十分佩服，他總能把非常專業艱深的理論用很簡單易懂的方式表達出來，加上他業界實務操作經驗豐富，輔導案量夠，也因此他逐漸成為行銷專家，常能在媒體上看到他接受訪問，分享獨特觀點，如同研究所時期的他一樣，總是我們這些學弟妹愛請教的對象。實在是沒辦法，因為他總能說得清楚明白，若聽不懂教授說的內容，再找他問一次就對了！

在職場上我也常請求他的支援，長期在婚禮及公關領域深耕的我，後來受邀在聯合報系聯合學苑等地授課，專攻主持人訓練，每當結業式學員要展現成果時，我總邀請他來擔任評審，從講稿內容到形象包裝他總能一針見血地給出意見，教學相長更加進步。

後來，在學長擔任中華整合行銷傳播協會理事長期間，我有幸成為秘書長與他共事，才深刻了解他對於專業的認真與執著，不間斷的吸收新知，融會貫通形成自己獨到的觀點，然後授課出書接受訪問，這些都是日復一日不斷堅持才有的成績。

我想，用「 反差萌男子 」來形容他應該非常貼切，型男外表留著性格的小鬍子，搭配藝術家髮型，總身著帥氣西裝閃亮皮鞋，見第一面的感覺並不容易親近，但私下的他其實有著赤子之心，還是個玩具收藏家，家裡有許多會讓人大吃一驚的絕版公仔珍藏，還有童年時代的古物，跟外表不搭嘎的反差性格和行為，真的是很可愛啊！

自古以來愛情就是個難題，請參閱本書，看看福闓學長如何用行銷來解題吧！

## 推薦序 11.

# 遇見愛情，讓你的品牌更有價值

數位行銷設計學士學位學程主任 孫儷芳

兩年前社群上引爆了一股＃像極了愛情的風潮；隨意寫上一段話，最後加上像極了愛情，就變成一首美好的詩體，吸引不少網友在社群平台上跟風創作，網友們對愛情的多樣表述讓人會心一笑。愛情的話題之所以能引發廣泛的共鳴，不如說從第一次的怦然心動、亦或是簡單的邂逅和錯過開始，愛情便開始在人們的心中悄悄萌芽。

很多行銷人說：「想賣產品？得先學會說故事。」故事行銷即是通過情感來吸引消費者的注意，而愛情故事就是個能讓人感同身受、讓品牌立體化的主題。以愛情故事為媒介來包裝品牌，透過愛情故事與消費者產生情感連繫，帶來的不僅是一個話題、也不僅是一個行銷機會，更是品牌價值的塑造，透過愛情行銷增強消費者對品牌與產品的記憶度與關注度，進而達成促進品牌忠誠度的目的。

好的愛情行銷能夠幫助企業在市場中脫穎而出，提升品牌價值，愛情與鑽石成為忠貞不渝的愛情見證，便是讓人驚嘆的經典行銷案例。然而，品牌如何針對精準的分眾塑造出有魅力的「情人」形象？如何透過滿足、認同、增強、儀式感、懷舊與放縱等不同的情感濾鏡來誘發消費的需求與慾望？如何引領消費親近品牌愛上品牌、心甘情願多掏錢？王福闓老師的新作《愛與戀：從談情說愛洞見品牌新商機》就是在解構回答這些問題。

本書從曖昧、告白、約會、求婚到結婚等不同的愛情階段，甚至到刺激的一夜情、異國愛情、銀髮族的愛情……等不同愛情話題，帶領讀者從不同的切入點一窺愛情行銷的全面向。書中透過不同分眾的愛情類型進行深度的探討，從消費者心理到品牌案例，看品牌業者如何抓住愛情的議題，透過與愛情的連結塑造出獨特的品牌價值。

王老師長期觀察行銷發展，對品牌行銷實務領域有獨到的見解，相信透過本書對愛情行銷的系統性說明，讀者將可快速掌握愛情行銷的策略脈絡。過去幾年的疫情對人們的愛情關係也產生了微妙的改變，想知道後疫情時代最夯的愛情行銷如何下手、如何上手的品牌經營者，絕對不可錯過此書。愛情的萌芽只需要一個瞬間，想搞懂愛情行銷學，你需要的就是這本書！

## 自序

# 細數行銷與愛情的「戀人關係」

王福闓

或許有些人會認為，愛情不該加入太多商業的元素，但對我這樣一個徹底的行銷人來說，在當代社會中品牌與行銷的存在，就是為了滿足人類的慾望，而愛情本身就是其中一項。

同樣的產品，有的人喜歡產品的本質，有的人就是喜歡加上一點浪漫的故事，行銷的功能讓許多需要愛情的人，能具備更好的競爭力，甚至推動我們在愛情中努力成為更好的人。而同樣地，因為愛情是一直存在於人的內在，這時當外顯的行為和消費需求出現時，加入愛情議題的品牌就更有機會獲得青睞。也因此我相信，行銷與愛情之間存在的並非負面關係，反而更像是戀人一般。

以前我曾聽聞一位廣告圈的長輩在日本向妻子求婚時，因為岳父也一同前往，當別人求婚拿的是鑽戒，他求婚卻是拿出一張人生規畫藍圖表，告訴對方自己未來一路的事業發展規劃，從愛情行銷的角度中，後來因為這位長輩真的事業有成，所以不論求婚的地點、任職的公司以及這段經過，都成了有意義的故事行銷素材。

所以對我及這本書來說，不論是希望運用愛情議題故事行銷的企業或品牌，還是希望能在愛情中增加自己的條件與機會的讀者，但也可能是在愛情中受了傷，希望透過品牌第三方來幫助自己重新出發的人，都能覺得有所收獲並得到幫助；畢竟即便只是想從書中稍微認識愛情不同層面的悲與喜，也能在閱讀之後因此打開一些不一樣的想法與思維。

說實在的，自己也並非過於浪漫之人，對愛情的感悟也不是處處如沐春風，但或許因此反而能夠以更冷靜的角度來看待愛情，這也是本書能順利完成的原因之一。另外這次我也特別嘗試，同時將愛情與美食兩大主題寫作完成，也許當讀者們內在的愛情獲得幸福時，不久後也能繼續透過我另外一本新書，用文字享受口腹之慾的滿足。

最後感謝妻子、父母、岳母、家弟、眾推薦人、出版社及相關好友，以及持續支持我的讀者們，也願有情人終成眷屬，追求愛情的心想事成，即使一個人也能感到幸福。

「愛是恆久忍耐，又有恩慈；愛是不嫉妒；愛是不自誇，不張狂，不做害羞的事，不求自己的益處，不輕易發怒，不計算人的惡，不喜歡不義，只喜歡真理；凡事包容，凡事相信，凡事盼望，凡事忍耐。愛是永不止息。」（哥林多前書 13：4–8）

# 作者簡介

## 王　福　闓

- 台灣行銷傳播專業認證協會 理事長
- 中華品牌再造協會 理事長／品牌再造學院 院長
- 凱義品牌整合行銷管理顧問公司
  負責人&總顧問
- 行政院勞動部、農業委員會、經濟部商業司／國貿局／工業局、新北市政府、台南市政府、台中市政府 訓練講師／顧問、評估委員
- 中小企業服務優化與特色加值計畫、連鎖加盟及餐飲鏈結發展計畫、微型及個人事業支援與輔導計畫、創業輔導計畫 輔導顧問
- 年代／壹電視新聞、八大電視、東森電視、三立電視、GQ雜誌、食力foodNEXT、數位時代、蘋果日報、聯合報民意論壇、工商時報專家傳真 專題作者／受訪專家
- 國立台中教育大學、中國文化大學技專
  助理教授

# 目錄 Contents

# chapter 1

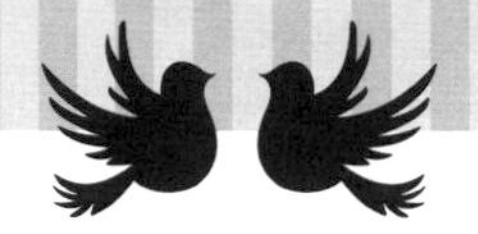

# 談情說愛在前頭

1. 愛情關係

2. 愛情與行銷

3. 先愛自己

# 愛情關係

## #從本能與原生家庭開始

愛情這件事，有人認為是與生俱來的本能，也有人認為我們是透過學習進而成長。從觀察家中的長輩的互動、周邊朋友的經歷，或是媒體傳播的內容，才得以讓你我逐漸瞭解愛情並不斷前進。在愛情中擁有得天獨厚優勢的人，像是外貌出眾、溝通能力強、極具魅力，是幸運的；然而多數人則需不斷付出努力、反覆練習，才能使喜歡的對象對自己產生興趣。

「戀愛」這兩個字，根據教育部國語辭典的解釋，「戀」是愛慕、思慕之意；「愛」有喜好、親慕之意。當我們戀愛時，會產生被對方吸引並產生想擁有對方的情緒，總希望能更進一步，建

立彼此親密依賴的關係。在找到理想的戀愛對象時，我們往往都是因為看到對方身上有能夠與自己個性、渴望和需求產生共鳴或互補的元素出現。當我們產生愛情，對方身上獨有的吸引力，或是出眾的外貌、善解人意的個性、聰慧的學習力，或令人倍覺親切的熟悉感，都能讓人深陷其中，無法自拔。

人類天生具有期望被保護，並與他人建立歸屬感的渴望，不論從嬰幼兒時期，或是青少年、成年甚至到老年，在不同的時期均渴望有互相依賴的對象，而能從愛情中步入婚姻的對象，常常更是彼此人生中深度互相依賴的主角。當我們面對生命中各個階段的生活環境發生變化，難免對未知感到不安、害怕，然而我們畢竟不可能只依賴父母家人，就算友情也能夠滿足部分支持與陪伴的需求，但是深層的內在關懷卻往往在愛情中才能達成。

因為當我們對特定對象產生喜歡甚至戀愛的感覺時，總希望能更進一步的認識了解對方，達到交往的階段性目標，這時也是人們從原生家庭的關係轉變，邁向下一段親自建構、屬於自己的新家庭關係時，而愛情，也正是這段關係的核心關鍵。

在愛情中，我們渴望得到彼此的信任並相互依賴，期望當自己表達出內在與外在的需求時，對方能給予溫暖的回應，使我們能在愛人面前，坦承自己最真實脆弱的一面，因為有愛而充分感到被接納。滿足人類原始的慾望本能，從身體的接觸、接吻到性愛，雙方得到生理上的滿足，享受溫柔的甜蜜溫存，這一切都是建立在愛情基礎上。

人類與伴侶建立連結的方式，很多時候與幼時經驗有關，但由於有的人小時候備受呵護，有的人卻受盡委屈，因為成長過程中環境的不同，自然對每個人與伴侶的相處上，產生了不同的影響。基於愛情所發展形成的家庭，包含的是兩個人價值觀的延伸，彼此對建立家庭環境的態度與想法，以及對維繫家庭所願意付出的努力與承諾，正是這段關係能否持續的關鍵。

每個戀愛中人都希望自己交往對象是值得信賴的。即便是學生時代的青澀戀情，同樣對未來有所期待，或許每一段戀曲即使不一定能走到最後，但透過每一段愛情的經驗累積與修正學習，我們才得以迎向理想中的幸福。

## #愛情關係的前進

每一段愛情總是會影響兩人彼此在價值觀、外顯行為、家庭關係等層面上的思考與決定，人因為愛情而相互傾慕、親密互動、分享心情、做出承諾，這種種行為就是建立在愛情的關係上，且往往具明顯的專屬性及排他性。從兩人開始的相遇認識、追求相處、爭執及妥協，到最後選擇常相廝守走入婚姻，或是分手回歸單身，人們總在愛情中不斷前行；即便其中一方想停下來，也必須互相溝通配合，不然就只能脫隊或尋找新人組隊，更何況愛情的戰場上隨時還可能有競爭者出現，與你競相搶奪同一個喜歡的對象。

為了讓兩人的愛情能夠持續，人們將積極與另一方互動，主動去了解對方的需求，用開放的態度聆聽，並分享自己的心情、感受，在對方遇到問題時給予建議與協助。同時為了讓愛情甚至婚姻有更深刻的連結，願意透過口語、文字及行動給予對方承諾，並樂於享受愛情中相處的甜蜜時光。

## #現實的麵包問題

職場愛情兩得意，一直是許多人的理想。然而在許多悲劇愛情故事中，現實生活的麵包和浪漫的愛情，似乎只能是單選題，好像一旦選擇一方就會失去另一個。但在這點上我發現許多人的觀念早已改變，最明顯的就是認知到——不論愛情的願景有多美好，沒有足夠的資金仍然無法維繫，但徒具金錢和現實的相處，不但無法為愛情帶來助益，更可能使戀愛的感覺消失。當一段愛情被迫面臨在經濟條件上做出取捨時，常常也成了感情中雙方思考是否要繼續走下去的重要因素。

其實，經濟與愛情是我們人一生中，最重要的兩個課題。事關生計的經濟問題，往往需要我們努力工作來維持，而愛情則可能導引我們的人生走向家庭和婚姻；不論哪一項，都需要投入許多時間與心力，才能把自己的角色給扮演好。我們擁有能力購買自己想吃的麵包，才能更健全的去思考當兩個人在一起時，這個麵包夠不夠分，也就是至少從經濟基礎上來看，能夠負擔自己及另一半都想要的生活，才可能讓愛情的續航力增加。

有的人期待對方有車、有房，還年薪百萬，但我們自己若是三無（無動產、無存款、無工作），這時問題就不是麵包與愛情的問題，而是該上求職網站。

但同樣地，就算雙方在經濟及工作的條件上都能擁有共識，卻在情感的層面少了點戀愛的浪漫悸動時，即使男生可以開著跑車載女生到高級餐廳，享受數千元的情人節大餐，或是女生也能輕易送出價值不菲的禮物，為男生慶生。這時雙方心裡其實心知肚明，這段愛情能走多遠，一旦殺出個讓人心動的第三者，就可能讓原有的關係生變。

因為失去了內心所渴望的愛情，就像雙方就只是在利益交換，卻沒有足夠的愛情成分。因此，就算有人百般重視另一半的經濟及工作條件，但是雙方關係生變的原因常常是在我們可預見的愛情過程中，考慮彼此是否能達到對方的期待，以及雙方對這樣的現況是否滿足。畢竟不論是 AA 制還是其中一方希望自己能多負擔一些，很現實的是，在阮囊羞澀時，生活的幸福感仍會降低不少。但當愛情能夠幫助兩人走向共同期待的未來時，即使當下是粗茶淡飯，也能開心地走一輩子。

## #理性與感性

當兩人的愛情在交往的過程中能順順利利時，常常能給予彼此精神、甚至是行動上的支持，而這時消費市場上不論是品牌、行銷活動或是廣告，都為戀人扮演了提醒和協助的角色。像是我們日常出遊，在選擇旅遊行程時，價格往往是最重要的參考依據，但我們一旦選擇跟愛人約會，或是結婚度蜜月時，期望達成使兩人愛情升溫、留下永生難忘的回憶，甚至是在旅行中種下愛的結晶，這時情感需求總會戰勝價格理智。

除了付出與獲得，情感的反饋也是影響我們選擇愛情的原因。消費者針對需求進行理性的判斷評估時，除了產品服務之外，發自情感所產生的認知，是影響消費者購買決策的判斷依據。當我們想讓戀愛中的對方感受到，彼此是那麼的獨一無二，要是能用具體的物質服務，來轉化抽象的意念，就更能被對方認同；又或是對方可能因原生家庭的背景因素，對於愛情懷有恐懼及不信任，這時我們為了讓對方安心，勢必要做出能被看見的具體行動。

包含戀情各階段中的告白、求婚、婚禮及情人節，人們都不可能脫離消費文化的影響，即便是在家做菜給親密愛人吃，做菜的食材、擺盤的食器也都需要有實質的付出才能獲得。在消費文化的影響下，品牌透過商品及服務的提供，來幫助消費者需求得到滿足，不論是實踐浪漫愛情中的想像，還是透過物質與行為來實踐承諾都一樣……即便我們希望愛情能更單純美好，但當兩人之間出現不論是認知落差或生活考驗等問題，只靠自己的力量是無法解決問題的，最終仍需要第三方的幫助；而品牌可以在其中扮演陪伴者、照顧者、支持者，甚至是智者，讓消費者不論是實質上還是內心深處，都得到了幫助與慰藉。

# 愛情與行銷

## #為愛消費的商機提升

從經濟效益的角度出發，高中生以上的消費能力逐漸提升，因應 2023 年民法部分條文修正，成年年齡下修至 18 歲，年輕人只要年滿 18 歲以上，已具行為能力，可以獨立購買手機、租房子、訂契約、到銀行開戶、辦信用卡等，無須再經過法定代理人同意。而原本法律針對結婚的年齡的規定是男生須年滿 18 歲、女生須年滿 16 歲，在配合民法修正成年為 18 歲的關係，修法後的最低結婚年齡變更為雙方都須年滿 18 歲後，才可以結婚。

年輕人在高中及大學的求學階段開始逐漸學習獨立自主生活，尤其是在學校、社團及打工實習等各種機會，都開始面臨到更多愛情的交往機會，而這個年紀也正是對愛情充滿美好浪漫想像的時

期。一旦出了社會進入職場，愛情所需要面對的挑戰也更為多元，不論是物質或生活的滿足，有賴更多的經驗學習，我們才能在愛情的挫折中慢慢復原，甚至是步入婚姻階段。人生不可能只靠幻想就擁有愛情，而最重要的還是透過經濟消費來達到需求目的的滿足。

同樣地，對品牌來說，想讓消費者買單需要持續與消費者溝通，以愛情為議題的行銷手法，能傳達出品牌的價值觀，尤其是對於自身需求明顯的消費者而言，很容易得到引導、有效溝通；另一方面，在愛情中有許多儀式感的建立，而在這些關鍵時刻，我們透過學習才能了解到怎麼做才能達成對方期望，品牌所提供的知識及行銷方案，甚或是品牌故事本身的意義，都可能樹立行為模範，成為消費者戀情的助力。

## #傳播媒體塑造的愛情

在眾多的電影、電視劇中，愛情議題一直都是容易引發共鳴的題材，不論是浪漫的校園愛情、刻骨銘心的催淚情節、還是讓人聽了拳頭都硬了的小三故事，幾乎所有消費者都能在觀影的過程中，找到自己的影子。也因此，當品牌透過例如 YouTube 等社群媒體宣傳自己，當運用影像形式呈現時，也常常會結合到包含主題歌、配樂、純旋律等元素，音樂搭配畫面的呈現方式，尤其是愛情相關元素的創意應用，都更能引發消費者的共鳴與討論。

國內近年來受到矚目的名人愛情故事之一，就是大 S 徐熙媛與具俊曄一段年少離別又在多年後再次相遇，最後有情人終成眷屬的浪漫故事，實屬在這個疫情期間，一段最讓人感到齁甜的佳話。有趣的是，我發現精品品牌「 點睛品 」趁此熱度，邀請了男主角擔任最新廣告微電影的男主角，讓原本訂閱數沒有破千的經典飾品品牌頻道，單支廣告觀看人數將近 90 萬人，在社群上的討論也獲得了不錯的評價。

這次的廣告中，男主角以第一人稱的自述型態，傳達了在愛情中的觀點和期望，當中更是穿插了一部分夫妻年輕時兩人相處的畫面與紀錄，也成功勾起了不少中年世代的共同回憶。對於劇情的設計來說，有的愛情品牌微電影或過於強調產品本身，導致故事不夠有吸引力，也有的會邀請情侶或夫妻一起出現，但除非產品的屬性合適，不然這樣的做法不見得都能帶來加分的效果。我在《 元行銷 》一書中提到，品牌運用故事行銷的關鍵，在於品牌本身的角色與調性，跟故事的結合程度，更不能讓產品過度喧賓奪主，破壞了閱聽眾自我投射的情感連結。

## #對於愛情的渴望

其實每過一段時間，愛情主題的廣告微電影，就會因為類型過度重複，使閱聽眾出現審美疲勞，像是套路陳舊缺乏創新，或是因時代的差異而導致新一代受眾未能對廣告產生認同感，因為不同世代對於愛情觀、價值觀，甚至是代言人的認同，都有明顯的不同見解。像是以當代短視頻為主要平臺的愛情品牌微電影，就更針對了一些思想較前衛的年輕閱聽眾，在愛情觀及價值觀上緊跟時代潮流，最終引發共鳴。

其實在短視頻高度影響消費者的觀看習慣下，也有不少是以「戀愛 CP」為人設的 KOL，很多喜歡被「餵糖」或「撒狗糧」的粉絲，也對這樣的議題影片，有相當的支持度。而愛情元素的應用，也一直是許多品牌在溝通上的切入點，畢竟絕大多數人不是在愛情中，就是在前往或是逃離愛情的路上。以近年來的愛情廣告微電影而言，總能創下不錯的影片觀看數，甚至引發社會話題。

從我過去分析類似的影片中可以發現，首先就是角色扮演者或代言人，能讓觀看者產生情緒共鳴，進而誘發其對品牌的連結度，達到支援甚至是購買的機會。

## #故事行銷的重要

很多品牌故事中，其實真正的主角不是品牌本身而是消費者，但若只是純粹去描述消費者的故事，往往無法讓其他讀者了解這與你品牌之間的關聯，如何從消費者當中找出跟品牌有關的故事，或許才是重點。

當消費者因為購買一杯咖啡的時機，而偶遇心儀的另一半，這個故事可以在很多地方發生，但若能適度加入這樣的相遇「是因為你的品牌」的這個關鍵元素，這對其他讀者來說，便更帶入了品牌感。

將愛情故事的內容以消費者能感同身受的方式來描述，適度的包裝讓品牌更有溫度，對於後續要溝通的產品及服務，就能帶來更大的助益。之前我用說故事的模式，來解釋「消費者參與」的故事的元素，這也就是「元行銷核心故事」，將故事分成「前」、

「 中 」、「 後 」三個階段，以及加入「 轉 」的改變元素。

「 前 」的部分就是開場，一般來說就是主角的角色描述，包含家境背景都高人一等的富有者、平凡無奇的普通人、從小落魄窮困的貧乏者，「 中 」的部分則是生活背景，分為優秀突出的理想生活、努力向上的奮鬥生活，以及失敗再失敗的魯蛇。

到了「 後 」的時候則是結局，分為理想美好的順利結束、沒有突出的平淡收尾，以及死無全屍的悲劇收場。到這裡有人會問，這樣的故事要怎麼賣東西呢？關鍵就在於「 轉 」的元素運用，當中分為提升、維持與迴轉，當我們把品牌的角色加入時，每件事情都有可能正向改變，但同樣當我們沒有得到品牌幫助時，故事也可能走向悲劇；還有就是本來發生了「 轉 」的意外，以致故事向下發展，但最後靠品牌幫助故事迴轉，讓消費者走回正軌。

## #愛情需要助力

在愛情故事之中，其實隱藏了許多引發消費者購買的動機點，像是期待擁有品牌商品之後就能實現夢想與希望，或因害怕自己失去現有的恐懼與擔憂，希冀維持現狀不願改變原有的平靜安穩；品牌可以透過故事使消費者產生對品牌的認知，再透過其他不同階段的連結來使消費者達成最後的購買步驟。

當消費者對愛情的不同階段有所需求時，故事行銷能扮演強化品牌記憶度及形象的功能，更能透過講述產品背後的意義，以故事來傳遞，這時當消費者想表達愛意與承諾，也可藉由品牌與故事來達成傳遞訊息的效果。

然而，要讓閱聽眾更快的進入影片中的情緒，藉由感人的旋律、刻骨銘心的歌詞，以及甜蜜撒狗糧的對話，都是愛情品牌微電影的重要連結。在愛情主題品牌微電影中，若是選用取得授權、大家耳熟能詳的流行歌，便能更快的讓閱聽眾進入影片中的情緒，尤其是那些能引導曖昧、抒發失戀情緒的主題。

這些品牌微電影，必須在有限的時間內，帶出有主題的故事，因此影片通常會在畫面中呈現出明確的主角形象，好比是被另一半拋棄的中年上班族，或是發現男朋友勾搭自己閨密的女大學生，閱聽眾從影音畫面、歌詞和旋律中很容易將自己的角色帶入，進而想去理解品牌背後想傳達的意義。

許多品牌近年來都希望，運用短視頻的社群力量帶來行銷效益，就結果來看，雖然愛情微電影能夠將話題熱度提升，甚至創造流量，但也別忘了，每項行銷工具的投入都需講求效益，品牌微電影除了消費者的點讚轉發外，與品牌的匹配度也十分重要。

畢竟當代言人幸福時，我們可能會跟著給予祝福，但沒有人知道意外跟明天哪個先到，前車之鑑對於品牌方而言，還是必須納入投資評估的思考範圍。

# 先愛自己

## #面對自我的覺醒

當我們面對自我，必須先釐清自身的人格特質，才能更適當的照顧到自己的需求，也能在建立兩人的愛情關係時，優先思考並判斷對方是不是自己的「 白馬王子 」或「 白雪公主 」。

當我們孤身一人，能夠享受自己的生活，也能擁有自己的娛樂和興趣，就算沒有另外一半，也能活得很自在。雖然有人仍期待愛情的降臨，但也能接受現況，也有人選擇保持單身，不想受愛情束縛。然而不論如何，愛自己對我們來說，是個人在走進愛情關係前，非常重要的一門功課。

有些人在愛情中缺乏自信，希望能透過獲得另一半的保證與承諾得到滿足，但又無法相信這樣的承諾不會改變，因此一直表現出焦慮、不安的情緒。但即便對方一再保證不會輕易離去、結束關係，會認真維繫這段愛情，自己卻依然無法排除強烈的不信任感。人們一旦過度依賴愛情，會導致生活作息全都被愛情包圍，不但失去了自己生活獨立思考的空間，甚至可能因為疏於照顧自己的價值，反而讓愛情走入了困境。

有人一旦投入愛情就與朋友失聯，甚至與家人疏遠，生活的唯一目標只有愛情；但這其實不是健康的人際互動，兩人的愛情本身有時也會因此受到負面影響。因此，若是希望能擺脫單身，還是必須先面對自己的內在問題，尤其若是上一段愛情就是因此失去的，將來想讓愛情能持續下去，就得先讓自己獨立長大。

當人們剛結束前一段感情時，多半在心理或精神上都仍未完全復原，這時若無縫接軌下一段感情，就可能伴隨著之前留下的陰影。像是不信任對方、過於焦慮及不安，擔心前任的失敗可能又在這一任發生，對愛情關係懷疑恐懼，但又想盡快擁有新戀情，以填補自己失去的空虛，且不想讓對方覺得自己過得不好沒人要，然而卻可能因為沒有好好面對自己，又造成了下段愛情的失敗。

## #單身也是選擇

如果因為過於在乎社會的評價和家庭的束縛，而積極的尋找交往對象，進入愛情婚姻，其結果往往不是自己所想要的。就像傳統文化中對男性存在著「 成家立業 」的期待，然而先成家卻不一定適合每一對情侶或個人，即便尚未成家也能好好立業，更何況現代社會，單身女性事業成功的比比皆是，由此可見，我們還是要順從自己的內心。

現代社會中，有越來越多人一生中有不少時間都是單身，有可能是一直沒有遇到喜歡的對象，或是尚未走入愛情，也可能是分手後的空窗期，甚至是離婚或喪偶的階段，都是自己單身一人。

因此有越來越多的戲劇及歌曲，都開始探討大齡單身男女的話題。像是《敗犬女王》關注的是經濟獨立自主，但對愛情仍有期待的成熟女性，或是《熟男不結婚》則是從男性角度來探討，擁有良好生活品質與工作的男性，對於進入婚姻的擔憂與排斥。《大齡女子》這首歌，則是描述與愛情擦身而過的女性心情轉折，並仍然渴望擁有美好歸宿……

在愛情中的每個人其實仍是獨立個體，當我們希望愛情能夠走得更長久，或是準備進入一段值得期待的戀情前，最重要的就是先學會愛自己。就像有些人在失戀之後，需要一段時間來轉化調整心態，例如想清楚之前交往的對象為什麼不適合我們，或是自己當下有比愛情更重要的理想與目標想達成。就算是單身也可以把生活過得很好，因為唯有我們先愛自己，讓自己成為值得被愛的那個人，當合適的對象出現時，才能與對方相互契合，而不是一味的委曲求全或是索求對方付出。

當然人們多半希望，能在愛情中獲得對方更多的照拂，也希望自己能放下重擔、兩人彼此互相依靠，但若是自己無法好好面對自己時，卻可能同時使自己跟對方都感受到沉重的壓力。如果單身是迫於無奈，像是被拒分手或喪偶，這時人們可能對脫離單身的意願較為強烈，但若因個人當下的生活型態及環境限制，而無法找到合適交往的對象，這時也著急不來。

當一個人自己的身心狀態不理想，卻期望有另一半能填補自己的空虛寂寞時，很可能導致彼此在愛情中的關係過度依賴，甚至可能因此使人感受到壓力和不舒服。

## #自由的空間

如果是出於自願選擇一直維持單身，其實也是一種不賴的生活方式。越來越多獨立自主的人，有自己的理想和目標，對愛情的品質與對象也有要求，甚至有的只是在等待成熟的時機，等自己準備好之後再次談一場長長久久的戀愛。有時我們可能因恰巧遇到理想的工作機會和發展，不願因為戀愛而受到影響，也有可能是本身對愛情就沒有太大期待，但也不排斥當愛情機會到來時戀情能發展下去。

自願單身的人較重視生活的自由，有的人甚至在經過許多次戀愛的過程後，反而對長期維持單身的生活很能接受，而不願再積極尋找愛情交往對象。不再依賴另外一半生活，並不代表人生一定會孤單；有現代女性寧可選擇借精生子，也不想跟特定的對象走入婚姻，也有男性一直遊戲人生，甚至直到感覺疲憊才肯停下腳步。但往往當人各自把自己的人生過得好，身心靈也很健康時，就能剛好遇上真正懂自己的人，反而找到真正值得的愛情。

單身時人們總會因為一些莫名的原因而感受到壓力，像是在過節及親友聚會時，不免有人會發出靈魂拷問：「你還是一個人啊？沒對象嗎？」或是到特定餐廳用餐及參加旅遊行程時，因為單身的緣故需要另外收費，或只能加價住單人房。

但是這些壓力源自於社會普遍認為：人生到了某個階段，就一定要有伴侶才完整，然而更重要的是，社會環境對於個人的選擇，仍然沒有足夠的尊重。

## #商機的出現

「 誰說一定要結婚？」越來越多的人選擇長期單身，或者就算有伴侶也沒有走進婚姻的意願，而當人生面臨適婚年齡時，不論男女都得面對各種特定場合的拷問，像是友人及家人的婚宴、農曆新年的家族聚會。通常單身族群的年紀越大，越不在乎這樣的問題，但若是 30 歲上下，就特別容易碰到這樣的「 關懷 」。

單身商機也成了這些年很重要的議題，行政院主計總處 2021 年公布 10 年 1 次的人口普查結果顯示，2020 年底 25 歲至 44 歲未婚率達 43.2%，也就是台灣每 100 人中就有 43 人未婚，適婚人口中有 301 萬人未婚，數字再創新高；不婚、不生的結果導致人口首度呈現負成長。但是從另一個層面分析，女性教育程度提高後，進入職場的就業機會提升，自主性也越來越高，若是沒有合適的對象不一定願意投入婚姻，甚至是自己一人也能過得很好。

也有品牌的廣告雖然內容方向符合傳統觀念，但是在現今社會就產生了爭議；例如 IKEA 曾用一個女兒過年回家吃飯時，父母不情願的表情來做為廣告的開場，但是當女兒的男朋友突然出現時，家中布置立刻就煥然一新，廣告似乎在暗示有伴侶的人值得更好的對待。然而現代社會對於「 單身歧視 」的態度反彈更為強烈，所以品牌也必須要識時務為俊傑，尊重單身的選擇才是王道。

因此有越來越多的品牌，特別針對單身族群而設計，最重要的不只是滿足基本需求，而是讓單身者也能享受愛自己的優越感，也有品牌則是訴求成為愛情的陪伴者，讓單身消費者也能在購買及使用品牌商品時，享受一種戀愛的感覺。例如餐廳在情人節推出單人限定套餐，甚至像是烤肉餐廳可以設計活動，請店員全程陪伴單身的人一起烤肉，或是特別規劃單身者專門的咖啡下午茶方案，讓單身者也能感到自己被接納認同。

就像有些偶像或是網紅，會用一種寵粉的角度來跟消費者互動，當中不乏許多單身男女，當粉絲能夠以理智的角度，去享受與網紅偶像如同戀愛般的互動時，雖然不算單戀，但卻同樣能感受到幸福美好。最常見的品牌行銷方式就是與消費者建立互動，像是 YouTube 發影片後，在留言區以跟另外一半互動的撒嬌口吻，希望粉絲來留言支持，也可能是在品牌影片中以霸道總裁的角度提出觀點，讓那些單身或是渴望愛情的人，從影片中找到安慰及陪伴。

## #不婚主義者

其實不婚主義者有的是想得很透徹，自己就是不願被婚姻給束縛的人。有伴侶的人往往是因為現階段對方也抱持著同樣的想法，但若其中一方希望改變現況走入婚姻，就可能面臨抉擇甚至分手的局面。而在生活與交際上，只要能理解對方是不婚主義者的家人朋友，多半能尊重他們的選擇，給予更多的包容。畢竟我們都希望自己能夠被認同接納，這樣的人說不定哪天突然遇上了「對的人」，就馬上走入婚姻也很難預料。

不婚主義者常會覺得，一旦進入婚姻生活可能會被迫喪失自主空間，甚至必須犧牲放棄一些夢想，也有的是不想跟另一半的家庭親人建立關係。選擇不婚的人不一定就等於孤單，不少男生都 40、50 歲了，不但生活及工作都過得精采，甚至因為沒有的婚姻的束縛，更能擁有豐富的感情生活。甚至知名日本女星天海祐希，在加拿大舉行的第 40 屆蒙特婁國際影展上致詞時說道：「我連結婚的念頭 1 微米都沒（絲毫沒有），從沒打算結婚，心意也不會動搖。」

還有的不婚主義者，一開始並非抱持著這樣的態度，只是對婚姻既期待又害怕受傷害，但是當到了某個階段，或是特定的意外事件發生後，心理就產生了巨大的變化，而表態不結婚也成了一種自我保護的方式。像是日劇中的《熟男不結婚》、《獨活女子的守則》等，也有些情侶害怕進入婚姻後，會改變現有的相處型態，造成時間及關係更多的衝突。

只是女生比較常遇到的現實問題在於，到了一定年紀之後可能生育能力會受到影響，因此有的新時代情侶可能會選擇「先有不婚」，也有人是透過醫學及合法的方式，讓自己可以擁有小孩但不需要另一半。

因此當品牌鎖定不婚主義者為 TA 時，包含像是寵物飼養的相關議題，或是只有情侶兩人的成人世界娛樂，甚至是以遲暮之愛為對象的銀髮伴侶需求，都是在非婚姻關係中卻又比一般交往的情侶更願意支付代價以享受美好生活。

# chapter 2

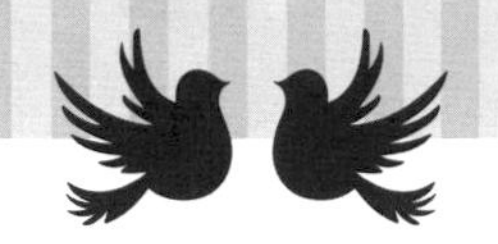

# 美好的酸甜滋味

1. 曖昧

2. 追求

3. 告白

4. 初戀

# 曖昧

## #愛情尚未明朗

很多時候我們的愛情總覺得來的太突然，像是在街上遇到久別重逢的友人，雖然以前沒什麼特別的感覺，但這次相遇卻突然有種出乎意外的喜歡；另一種就是素未謀面的人在偶然間相識，但突然產生了心動的感覺。有人稱之為「 邂逅 」，這種愛情雖然尚未發生，但卻具有戀愛元素的相遇，若此時對方也給了正面的回應，像是答應一起喝咖啡，或者願意為陌生人留下聯絡方式，透過彼此都有的些許好感，那麼曖昧就產生了。

「 友達以上，戀人未滿！ 」還想更進一步發展的雙方，就需要更多的催化劑來幫助兩人建立關係。在建立愛情關係的過程中，我們會從獨自一人，發展成與伴侶的兩人世界，而曖昧就是將這樣的關係予以強化。

有人從青少年時期開始，就會意識到對喜歡的人產生曖昧情愫，談戀愛是我們成長的必經過程，而曖昧的感覺則更像是，在普通朋友的基礎上，加入了另一種更強烈的喜歡，我們會說這就是心動的感覺。

愛情發展的階段從兩人相識，持續頻繁地互動，開始希望維持關係，在互相了解彼此的個性、興趣及價值觀後，逐漸產生帶有愛情成分的曖昧，最後兩人才會開始考慮交往。曖昧正是彼此對對方的意圖模糊不清，這時我們會思考評估，是否要正式踏入愛情？考慮自己與對方的互動，因為彼此身分的不確定性，加以外在影響的穩定度不足，雙方也會有更多的不安。

但就是這樣的酸甜滋味，使曖昧增添了兩人之間豐富的化學反應，有時是一方意圖明顯，一方尚未察覺卻也不討厭，有時則是雙方都有了愛戀萌芽，但仍需要時間等待醞釀熟成。

當雙方處於曖昧階段，因為心中的不安不免尋求他人意見，像是詢問哥兒們、閨蜜，甚至是兄弟姊妹，這樣的話題往往因為不好意思或擔心被反對，反而少跟父母提及。然而有趣的是，若三代同堂的家庭，奶奶反而是許多年輕女性願意敞開心扉，討論此事的對象。

# 不敢說出口

情歌中傾訴著：「曖昧讓人受盡委屈……」既然曖昧是如此浪漫，為何又會有委屈呢？原因就在於——喜歡對方不等於對方也喜歡我們，有可能對方只是不好直接拒絕，又不知該怎麼說出口來結束當下的曖昧。

所以當其中一方試圖主動釐清雙方的關係能否更進一步時，另一方暫時也無法給出明確答案，這時雙方就會持續一段時間不明的曖昧關係，這樣的不確定性就是讓人感到不安的來源。不少人在年輕時，就開始懂得與喜歡的人輕嚐曖昧的酸甜，但是當家中長輩認為年齡未達戀愛的年紀阻止時，可能讓原本美好的關係瞬間無疾而終。

在這個數位環境的影響下，現今很多國中生甚至國小生就開始有曖昧的對象，其實情竇初開很難用年齡來界定，但當有了喜歡的人，希望能接近心儀的對象時，曖昧的階段其實相對安全。有些人高中時期就已經情感豐富，但卻沒有勇氣衝一把，也有許多的大學生，離家後獨立後進入學校，尤其是在外地住宿，就會開始嚮往有這麼一段浪漫的校園愛情故事，或是有人直到出了社會，才開始對愛情有了期盼，夢想能找到自己的另外一半。

曖昧的關係雖然甜蜜，但若是因某些原因不能說破，就會一直維持在不確定的階段。例如偶爾會有意外，在自己已經有穩定對象的狀況下，突然出現某人擾亂了一池春水，使心中突然出現好久沒有的悸動……在愛情關係建立的過程中，為了使雙方關係能有更進一步的發展，彼此會持續想了解對方並相互確認，最後決定兩人是否正式交往，而這段「 山窮水盡疑無路，柳暗花明又一村 」的感受，也是讓人最感到曖昧美好的地方。

## #曖昧關係的階段

我大致上將曖昧時期分成五個階段，分別是「 初識 」、「 疑惑 」、「 展現 」、「 升溫 」和「 肯定 」。但此時距離正式交往還有一步之遙，所以當消費者感到內心不安的同時，就會尋找自我投射的慰藉，來舒緩曖昧過程中的不安，或可藉由品牌的幫助，來提升並強化自己的魅力，藉此更拉近雙方彼此的距離。不少品牌會運用曖昧的議題，來拉近與消費者之間的距離，也可以運用做為想要跟消費者「 曖昧 」一下的品牌創新行銷空間。

就像曾經「 來一客 」的廣告中，原本正在曖昧的兩人，男生刻意在女生上下學的時候，騎著機車來溫馨接送，但是因為關係還沒到位，所以女生只敢抓著機車後面的扶手。之後男生意識到要讓雙方更靠近時，就得掃除障礙，所以把扶手給「 拆了 」，當女生意識到這個小伎倆，卻又不排斥時，就是兩人的關係升溫的時候了！最後當品牌的標語出現：「 這一刻，一切都美好起來 」然後，兩人肩並肩一起吃著該品牌的泡麵，不但合理化品牌的出現，更讓品牌名稱與曖昧的美好產生了連結。

# 初識

曖昧的初期其實就是在試探，心中感到自己喜歡對方，但不確定對方怎麼想。這個時代的女生比以往更為勇敢，以往男生總是會用「 好美麗、好性感 」等詞彙來傳遞愛慕之意，但女生在個時代，表達自己的欣賞也很常見，像是「 很有才華、很會穿衣服 」等。所以有的品牌廣告微電影，就會訴求如何提高對方的注意力，並塑造當消費者若是選用了這個品牌的商品，就能將不好意思說出口的事更容易的表達出來。

初識的曖昧階段兩人之間若是出現競爭者時，因為雙方還沒有交往的承諾，此時若競爭者較為積極，自己與對方交往機會就會降低，因此那些炙手可熱的男女，有時也會樂於享受這種多重曖昧的氛圍，不但凸顯自己的身價，更能從中找到條件更好更適合自己的愛人。也因此有些海王海后會在此時，成了同儕群體眾人的目光焦點，也因為具備良好的條件所以獲得更多的曖昧機會。

# 展現

有時在戀愛初期，我們會展現出自己的另一種樣貌，或許是為了給對方留下好印象，但這時卻可能使自己與自身感覺疏離，甚至是當曖昧關係越來越強烈，刻意扮演的角色卻與自己產生矛盾困惑，致使對方察覺不太對勁時，曖昧關係就可能因此結束。或是雙方真正交往時，因為做回原來的自己，卻讓對方有種被欺騙的感覺。所以若要使對方更一步產生好感，此時品牌若能提出幫助我們增加自信魅力又能真實呈現自我的方案時，就能有助消費者展現更好的自我。

當我們展現自我的同時，其實也在觀察對方的表現。有的人第一次約會就穿得很華麗，但卻可能是一百零一套，也有人用 LINE 跟對方聊得很愉快，但是一奔現時就拉垮了。當然我們不是為了獲得對方的喜歡，而得過度的偽裝自己，但是若我能透過品牌的協助，讓自己能展現更好的一面，那當然能為這段曖昧增添顏色。

同樣是「 來一客 」的另一個系列微電影，其中描述的是一個異國男孩與台灣女孩的曖昧故事，當男生送給了女生一株空氣鳳梨，並說出照顧的方式是由女生自己決定時，也就是展現出自己對於愛情的態度，最後的畫面則是女生對著空鳳「 來一客 」，也等於是用隱喻的方式傳達了自己正在評估對方是否有機會更進一步。

## #疑惑

親密是一個人的基本需求，人總是會寂寞、想找人陪，因此當我們處於還在不確定的情緒中，這時曖昧就會多了些痛苦和不安。但是也有人會在已經獲得「 安全感 」的情況下，仍然向心儀的對象，表達出自己的感情。這樣的曖昧能夠填補部分內心的孤單，而且只要不被其他人發現，就不用負起道德約束的責任。若此時品牌能在行銷訴求中，加入讓人安心的元素，甚至是讓不安的感受能穩定下來，自然能讓消費者願意買單。

當關係中的雙方都不知道該怎麼突破曖昧的現況時，就可能停留在持續互動與試探的狀況中，所以這時也會有雖然曖昧，但彼此只稱對方是好朋友或知己的情形，但其實對於想要進一步更親密時，卻可能又止步不前了。但是像眼神交會、身體接觸及帶有暗示的言語，卻還是會持續的出現，藉以表達自己可能進一步發展的期望。這時品牌就可以將曖昧關係中常會遇到的疑惑做成心理測驗，一來讓需要幫助的消費者，藉由這個方式獲得參考答案，二來也能提升品牌行銷的擴散效應。

## #升溫

當兩人開始有些肢體的互動時，那些臉紅心跳的小動作，就會成為彼此加溫的暗示，像是從手指互相接觸到牽手，冷的時候將外套脫下給對方穿上，輕擁對方的肩膀，甚至是為了讓兩人更親密而故意選擇雙人座。但是直到親吻另一半前，都還不能確定是在曖昧還是正式交往，但至少可以確定的是，那些運用「 加溫 」作為訴求的品牌微電影，能讓消費者感到自己好像身歷其境，甚至認同只要用了這個品牌商品，往愛情的道路上就能又跨進一大步。

在感情升溫的階段，雖然兩人會有些肢體的接觸，但通常因為關係還未進階，所以雙方都會有所節制，但是當其中一方的情慾渴望明顯的表達出來，而另一方也不排斥實質的親密接觸時，那就可能將直接上床當作正式交往的儀式了。

例如 SNOW 這個品牌的廣告微電影，是以兩個穿著制服的學生互相喜歡，卻又各自矜持說不出口，而是用互相吐槽、甚至故意稍微碰到對方身體的方式，來達到雙方關係升溫的目的。後來男生同意跟女生合照時，女生則主動親了男生。從品牌的創意來說，兩人等於藉此確立彼此的交往關係，也藉由一邊使用軟體調整照片使其更好看，也帶出了產品的功能。

## #肯定

在觀察一段時間之後，雙方基本上能確認曖昧的程度與賀爾蒙的濃度都達到一定程度時，我們就會更認真評估對方的特質與優點，是否已經到達可以邁向感情經營的階段時，最後的臨門一腳就是肯定，正式交往的關係建立時。但這時也常常是因為一個意外就錯失愛情的時刻，像是過度患得患失導致另一方害怕不安，或是一開始就撒太多網，不敢決定哪個網該收；因此品牌可以運用的行銷方式，就是鼓勵一方或雙方做出最後的決定。

同樣當曖昧的關係逐漸明朗化時，要達成雙方的關係確立，有的時候需要一個正式的儀式——像是告白，有的則是自然而然就牽手及接吻。因此消費者若是希望能更自然的建立交往關係，也可以運用品牌的幫助來達成目的。像是送給對方情人節限定的情侶帽，當下次約會對方直接戴上時，趁機牽起對方的手走進愛情也是很甜蜜的。

從曖昧走向交往，雙方對於未來愛情關係的持續方式，如何達到說好的承諾，甚至是不再輕易與他人曖昧，都可能是影響的因素，而這時品牌則可以作為背書的角色。其實曖昧不一定會讓人受盡委屈，更常讓人怦然心動，所以就算我們因為某些原因，不適合或現階段不能再跟別人曖昧，也可能已經找到真愛，不願再有危險的曖昧關係；但是從行銷的角度來思考，若能用自己的經驗和曾有過的美好，幫助手上的品牌運用曖昧元素來做行銷，也是很浪漫的事情啊！

# 追求

## #拉近彼此的關係

追求是為了和對方進入正式愛情關係時，所採取的持續性行為與表現，在曖昧的過程中，如何更進一步表白成功，或是當對方尚未心動時，透過自己的努力吸引對方注意，這時我們身處於追求的行為當中。從愛情的磁場來說，兩人的愛情關係若處於一方有意發展為愛情，而另一方只要不拒絕或同意接受，那麼主動追求就有機會讓愛情成真；但有時也有可能是「 郎有意，妹無情 」，就只是單向的追求，也可能白忙一場。

當兩人還是一般朋友時，從陌生到不討厭，再更進一步到有好感，其實是需要去努力而且有技巧的。這時增加我們的個人魅力與

吸引力就很重要，因為即便我們的外在或物質條件再好，只要對方沒有心動的感覺時，即便產生互動也難有曖昧情愫，甚至可能變成單戀或是被利用而不自知。就像我們送女生禮物，是在表達追求之意，但若對方無法感到心動，但仍基於禮貌收下禮物，或者是原本下班會順路載心儀的女同事一程，然而特別提出希望一起晚餐的邀約時，卻因某些因素被委婉拒絕。

這時我們雖然會感到失望，但又覺得追求的行動尚不算完全失敗，只是雙方的頻率還沒對上，仍需要繼續努力。因為追求總是在正式交往前，過程中多半尚未進入曖昧階段，所以追求的策略和目的也有所不同。對於女生來說，從追求的曖昧過程，其實更符合愛情的期望，但若感到對方刻意想跳過這個階段，但自己並不想要直接發生性愛時，有時就會直接拒絕關係的繼續發展。而這時男生可以判斷，要是過於躁進反而「吃緊弄破碗」是否值得，說不定原先只要願意慢慢來，成功脫單的機會其實會增加不少。

## #吸引對方的注意

若雙方關係尚處於吸引對方注意的追求階段時，可能會採取更為含蓄的單方進行，但是當兩人開始有了曖昧的感覺時，為了讓愛情穩定下來直到身分確認，追求的動作與招數也將更有創意且多元。展開追求通常也會有一種儀式感的出現，雖然這個年代不流行男生在學校走廊大喊「我要追求你！」，但是年輕人也會在開始追求對方時，釋放一些明確或隱晦的表示，讓對方知道自己可能會有更進一步的動作。

由於追求不盡然就能讓兩人的曖昧關係更趨明朗，但若雙方之間有明顯的主被動關係，至少主動的一方可以透過追求，讓關係更進一步。當我們看到一些戲劇中，什麼霸道總裁一次 20 台賓士停在校門口，親自接送正在追求的女大學生下課，或是突然在自己的慶生會上，被曖昧的對象贈與了一款高價且自己很喜歡的名錶時，雖然對方還沒開口要正式交往，但是這種浪漫又超現實的追求橋段，卻慢慢地影響了一些人的認知，甚至產生自我投射的期望。

## #掌握暗示的訊息

只要雙方關係發展中存在著喜歡的成分，而自己也想透過行動來讓彼此關係更進一步，就可以適度的暗示對方。但若是追求不得技巧，或是沒有搞清楚跟對方之間，是真曖昧還是自己一廂情願，這時反而可能會破壞彼此的關係。

有些花裡胡哨的追求方式，不但沒有讓自己被對方喜歡，甚至可能造成誤會或是讓人厭惡。當被追求者感到困擾或不舒服，也可能代表後續的愛情發展不下去了，追求者必須重新理解思考，什麼才是對方期待的相處與追求。

對於男生與女生來說，追求的訊號在解讀上各有不同，像是當男生主動幫女生買早餐時，若雙方都不排斥對方，男生可能覺得當女生收下早餐，則可能有進一步曖昧的機會，但是對女生來說，這很可能只是比友好的關係再多一點的照顧。所以為什麼會說「男追女，隔層山」，是因為很多時候男生追求的動作訊息，若是沒有正確的傳遞，女生可能仍會盡量保持在「友誼」的界線之內，但若是「 女追男，隔層紗 」時，男生很容易就能意識到女方的善意，彼此更有機會更進一步了。

在男女交往追求的階段，若男生釋放出的訊息超過曖昧的程度，有時反而會導致女生認為，對方並沒有誠意要按部就班的交往，而是希望直接發生性愛，這就很有可能導致戀情破局。所以當我們知道自己可能在追求時因為表現太過急躁、容易讓人誤會，這時反而應該利用一些品牌作為媒介，透過隱喻表達期待兩人能好好交往，而非只是想發生關係。

## #兩人產生的共鳴

在我們想追求喜歡的人時，這時為了能提升自己在對方心中的好感度及印象，就需要找尋更多可以學習的對象，像是透過觀看偶像劇或電影，也可能從社群媒體上的微電影來了解，而當此時品牌的角色若能適時加入，就能引導消費者認同經由使用特定品牌的方式，能提升愛情追求成功的機會。

例如從品牌微電影中看到追求者開著具有特色的車款，影片中女生顯露出期待且肯定的眼神，我們就會因此記住這個品牌，想像自己當有天需要時，能夠透過模仿去實踐，並達到與影片中主角一樣的類似效果。

但是除了物質之外，也有很多追求方式是「 攻心為上 」，當對方的好感尚不足夠時，或許可以從日常生活的關心與體貼來切入，像是女生可能生理期來的時候不舒服，追求的男生可以準備好熱巧克力及暖暖包，就算自己沒空也能請快遞送到對方手上。也可能是男生參加球賽輸了，女生特別錄一段加油鼓勵的話，並且說願意陪男生一起吃晚餐，讓對方覺得這樣的追求不但暖心，還多了不少期待。

在決定開始追求對方的同時，釋放出對的訊息很重要，因為我們還只是有好感，對於他或她的瞭解還不夠多，透過旁敲側擊來了解對方的興趣和愛好，同時也傳遞自己的想法是很重要的。

不過追求的行動若是適當，確實有機會能增進兩人的關係，也有提升互相曖昧的可能性，雖然有些人即使再怎麼追求也徒勞無功，但過程總是一種學習，也能讓人在努力過後，明白應該要再繼續還是該適時的收手。同時當看到那些追求失敗的例子時，也會去思考為什麼這樣做，反而令對方反感，或是造成弄巧成拙的原因，這時品牌若是能陪伴消費者扮演提醒者的立場，就能讓消費者更願意接受之後品牌所提供的建議。

從行銷的應用上，男女愛情追求的過程中雖然談物質需求顯得俗氣，但是當能送出對方喜歡的禮物，帶對方上感興趣的餐廳用餐，甚至是準備好周全地的追求計畫，邀請心儀的對象一同旅行，總是能適時的推波助瀾，為愛情升溫；這時品牌就可以特別從追求者的角度出發，若是能因此促成一段佳話，也能吸引更多同樣需求的消費者，帶著追求的對象上門消費。

從可以發揮的品牌創意來說，越來越多女生朋友也更勇敢的，主動去追求屬於自己的愛情。這時像是餐食器皿及鍋具品牌，就可以推出儘管廚藝不夠厲害，也不用擔心的智慧料理方式及擺盤風格，讓女生能勇敢邀請喜歡的人情人節時到家裡吃飯，只要有愛情的力量及品牌的幫助下，一樣能勇敢達陣。同樣地，品牌也可以把握男生想利用情人節，向曖昧對象告白的期待，例如情人可以兩人甜蜜共聽的限量耳機，同時結合精選的愛情告白組曲，就能化身如同邱比特般的神隊友，不但幫助消費者傳達心意，也達到了品牌業績銷售的機會。

# 告 白

## #勇敢說出來

又到了浪漫的冬季時節，對許多還在曖昧的兩個人來說，在寒冷天候中不經意的觸碰對方的手和肩膀，或是一起在文化大學的後山肩並肩看夕陽，都是讓戀情升溫的好方法。但是如何臨門一腳的勇敢告白，就是不少「 愛情苦手 」的人生挑戰了。

還有些人在告白時，不知道該怎麼下手掌握時機，例如趁著放學會兩人相約籃球場旁，趁著女生臉紅心跳的時候「 壁咚 」對方，同時說出準備好的告白台詞，或是在兩人一起看看夜景時，拿出準備好的禮物和告白卡片。

當愛情關係中的其中一人覺得，已經可以從曖昧步入下一個階段時，就會準備告白，但若當下對方卻沒有相同的感覺，就會產生認知差異，導致現場只能維持在尷尬的氣氛中。甚至當對方擔心彼此還沒準備好，希望能再多一些觀察相處的時間時，原有的曖昧互動就可能會出現一些考驗了。

因此主動告白雖然有可能會失敗，卻也是打破僵局的好方式。但是從曖昧到告白，常常是考驗自己的判斷，更是與對方的愛情關係是否能延續的重大考驗，若是過於擔心可能因表白失敗而導致兩人的關係破滅結束，那麼多數人寧願維持現況，持續曖昧。

當曖昧關係發展到告白肯定的階段時，雙方會更為理性且持續衡量，一旦兩人真正進入穩定交往的關係時，對自己是否更有利，畢竟追求對方時總是鮮花和大餐，但交往後可能只剩大餐，要是真的走入婚姻就連大餐都得變成全家福餐了。

期望告白成功當然是人生最美好的回憶之一，但是究竟要從哪裡學會告白的技巧，並不見得多談幾次戀愛就能掌握分寸，我們更多是經由身邊的朋友、戲劇電影，甚至是廣告，再來就是從過去告白失敗的經驗來學習修正，現在甚至還有專業團隊來幫忙告白。

## #告白的技巧

在此我就來分享一下，如何利用節慶來告白的三個技巧，不論是還青澀的學生或是有經濟能力的成年人，想讓曖昧變成彼此的「 珍愛 」，或許可以試試。

**一、節慶好時機：**應該怎樣表白，對於有過一些戀愛經驗的朋友，可能有自己的心得，但我們身邊也有那種好不容易找到真愛，卻不知道該怎麼讓愛情的溫度沸騰的情況；這時從告白的時機來說，一起過節慶就是很適合的機會點，像是有歡樂氛圍的耶誕節、214、七夕情人節及 520 等日子，以及像是兩人認識的滿月或周年、其中一人的生日，都是富有意義的告白節慶。

**二、事前要準備：**很多時候告白就是一個突破曖昧關係的關鍵，讓對方感受到我們的心意很重要，很多手作能力強的人可以準備一份親手製作的禮物，像是親手織的圍巾，也可以去小額訂做，像是用對方生日為符號做的領帶夾。當然在告白的場地上也要事先規劃，兩人都喜歡的義大利餐廳，或是學校很少人來的社辦，布置的工作也是要花點巧思的。

**三、真心的告白詞：**既然兩人已經曖昧了一段時間，應該對對方也有一定程度的了解，有心一起成長、一起相愛，當然就是要勇敢的表達出來，有的人害羞那就事先寫下來，要是已經有足夠勇氣了，就在適當的時機，讓對方聽到感動而且期待的真誠話語。當然有些人實在害羞，那麼我推薦在告白前，兩人可以先一起聽首歌，像是田馥甄的〈小幸運〉、林芯儀的〈等一個人〉、蘇打綠青峰的〈小情歌〉及韋禮安的〈如果可以〉，等進入情境之後，話就更容易說出口。

## #品牌的幫助

對於品牌來說，告白的商機是相當重要的，因為多數人在告白時，都希望能準備得周全一點，讓自己的告白一次就成功；因此當品牌若能讓消費者有一種「 用了就能成功 」的感覺，那還怕客戶不趕快掏錢嗎？像是日本的電信公司 docomo 就特別訴求畢業季的時機，幫助想告白的學生能夠鼓起勇氣，若是不敢當面說出口那就用短訊，先互相建立好感吧！並鼓勵當事人還是要勇敢的當面說出口，因為勇敢是青春最大的本錢之一。

而 LINE 則是抓住了那種想告白，卻又怕受傷害的感受，品牌微電影在不同的場景中都可以發現女主角對男生的喜歡和思念，但就是不敢把告白的訊息送出去。而另外 LINE 則在白色情人節用了快閃活動的方式，來提醒那些想告白但卻還沒準備好的人，品牌也是可以幫上忙的。另外像是我們在告白時，希望給對方留下好印象，甚至可能有機會接吻時，女生的美妝產品及口紅，男生使用幫助口氣清新的口香糖、薄荷糖也都很有賣點。

在禮物的準備上，因為若價格太高也可能擔心對方拒收，反而讓告白破局，這時銀製禮物飾品或入門品牌錶款，或是珠寶也都是不錯的選擇，甚至是上面帶有雙方名字或符號的手作禮物，不但能表達心意還能展現出用心，但要是告白失敗被拒，這樣的禮物也很難再重新利用了。

還有一招就是「 讓品牌對消費者告白 」。刻意使用第一人稱視角來對廣大閱聽者的我們說話，像是想要陪伴我們、照顧我們，甚至是為我們許下承諾……被告白的我們很可能會產生一種怦然心動的戀愛感受，雖然我們在消費前仍能理智地去思考這個品牌商品值不值得購買，但畢竟能被告白也是一種趣味的創意操作。

# 初戀

## #最初的美好

「 如果不曾與你相遇，我的人生現在會是什麼模樣？」

最近突然 Netflix 日劇「 初戀 」成了許多六、七年級生的心頭好劇，除了劇情與場景風格都有一定水準之外，初戀這個議題和宇多田光演唱的經典歌曲〈First Love〉，都讓把不少人又帶回了第一次的初戀回憶中。很多時候「 第一次 」都是特別難忘的，像是第一次拿到紅包、第一次考上大學，當然愛情中的第一次也是很特別的。

一般來說，從開始喜歡到告白成功，若是順利的話，那大概是正式有記憶以來的初戀，有相當高的機率是從國中開始。因為這個初戀萌芽的時期，此時正值青春期，受到賀爾蒙的影響下，看到喜歡的對象常常會更為激動，尤其是印象深刻的第一段戀情，更是可能對人生未來產生改變的關鍵。

不過有趣的是初戀的界定，究竟是第一個女朋友？還是第一個有戀愛感覺的人？對很多人來說，有各自的解釋。像是有的人最難忘的是第一個喜歡的女生，儘管無緣在一起，但在他心目中是初戀；但也有人說，初戀當然指的是第一次正式交往的對象，例如第一個男朋友。

初戀之所以讓人印象深刻，正是因為對愛情的首次強烈感受較為單純，畢竟若是國中到高中的初戀，就算是現代社為較開放，很多人還是會在發生性關係前止住，當然有些人還是把持不住忍不住衝線，但只要不搞出「 人命 」，只能說他們早熟了點。

很多時候我們談起初戀，想到的就是純純的愛，也有不少人跟青梅竹馬的對象在一起。也因此像是「 母胎單身 」的朋友，因為一直對於面對初戀的反應及認知，與同年紀的人較為不同，所以當我們發現有人到大學才第一次談戀愛，甚至是出了社會後才開始對愛情理解，有了真正喜歡的對象時，會感到特別的新奇。

初戀剛在一起的時候常會思念對方，甚至可能到達到迷失自我的程度，但是因為是情竇初開，個人的經驗並不豐富，就會有些患得患失，希望對方能對自己有更多的關注，但當雙方都開始適應彼此之後，就可能更不顧一切的迎合對方，期望能一直守住這份珍貴的愛情。直到兩人可能因為諸多原因初戀無法持續時，往往會產生強烈的失落感和難過的情緒，甚至需要一段時間才能走出陰霾。

## #深刻的記憶

我們的第一次感情經歷，對於對情緒和記憶都產生了強烈的衝擊，所以也特別難忘，但是否都是美好的倒也不一定。例如第一次有特別喜歡的對象，但表白之後就被發了好人卡，甚至連再次嘗試的機會都沒有，對方就跟別人在一起了。也有人雖是兩情相悅的初戀，但正式在一起一段時間後卻發現，不論是當時的課業因素還是家人的反對，兩人只能被迫分開，並非彼此的感情走不下去……在這樣的狀況下，未來再續前緣的機率不小，因為雙方都保持對彼此內心的那份悸動。

在品牌的行銷應用中，產生共鳴的初戀故事是最有效的方式之一，例如主打校園青春愛情滋味的飲料品牌可爾必思，就是以「 初戀的味道 」作為品牌宣傳的主軸，像是運用第一次喜歡上打棒球的學長當作題材，或是用青澀愛情的主題當作創意瓶身設計；當消費者發現品牌有這樣的創意時，一來是在品牌的操作中想起了自己那段純真的初戀，也會聯想到那時屬於青春的記憶，而此時順手買瓶飲料紀念自己那段逝去的初戀，一解思念的酸甜滋味，品牌的行銷目的就達到了。

另外，也有品牌利用初戀的美好及遺憾來作為行銷訴求，這也是品牌能發揮的空間。像是法國零售品牌 Monoprix 運用了一段故事行銷拍攝成廣告，小男孩利用每次在商店買的包裝紙，剪下上面的告白的句子後放進初戀女孩的置物櫃中，女生其實也喜歡男生，但卻因為意外轉學而錯失良緣，在一次偶遇後兩人發現原來對彼此都仍有感情，這時男生再次運用品牌的元素達到目的正式跟女孩在一起，而這時消費者也在這樣的故事行銷中投射了自己的遺憾。

# chapter 3

# 浪漫的時刻

1. 交往約會

2. 幸福

3. 秀恩愛

4. 情人節

# 交往約會

## #相處的機會增加

進入正式交往階段後，因為雙方的身分有了確定性，安全感也會隨著逐漸增加，更能給對方情感支持與陪伴的時間更多，同時也因為更介入對方的生活，在相處互動上有了更多一起進行的事情。就像很多高中生會爭論，面對升學的壓力時，談戀愛究竟是負面影響還是助力？這點端看交往的兩人相處情形。若是兩人一起念書、學習，又因為是情侶關係，對未來有更多期待，反而更能幫助彼此在課業上進步，甚至是相互學習。

偶爾我們也會聽聞本來成績較差的一方，有了交往對象後反而學習表現進步不少，原來交往對象很會讀書，另一人也沒有因此退步，兩人一起努力，那麼此時，兩人交往不但對戀情升溫有所幫

助，也對生活的其他層面有所助益。同樣在成人世界的愛情更是如此，男女關係交往，不可能單靠愛情就能維持，不論是約會的開銷、禮物的花費，甚至是日常的相處也要考慮到彼此的工作時間與作息。因此我們可以說，交往之後才是愛情能否走下去的真正考驗開始。

也因此可能發生就算喜歡對方，但交往後才發現彼此的知識水平或經濟能力沒有辦法維持愛情的熱度及感動。當兩人相處時，彼此交流互助也是交往時很重要的一環，例如女生的電腦故障，男友可以代修，或是男生在職場上碰到了不懂的專業知識，剛好女生在這方面具備一定專業。另外因為兩人的生活背景及成長過程的差異，互相了解甚至學習也是交往時的互動重點，就像北部人跟南部人、客家人跟原住民，甚至是跨國的戀情都需要更多的溝通與相處。

而這些在交往時的溝通互動，才能使雙方持續理解彼此，甚至改變自己原有的想法，以維持兩人持續穩定的相處。畢竟若是兩人常常無法理解對方，也沒有學習互助的機會，單純只靠最初的感動，戀情要想一直走下去，甚至邁入婚姻，並不容易。當然男女交往並非都如此現實，若有一方真能不在意彼此的差距，願意持續多付出並關心對方，滿足彼此內在的需求和渴望，也能獲得安慰及陪伴，甚至雙方的性生活也能得到滿足，那些經濟或現實條件的差異，都不能影響雙方交往的持續性。

# 讓愛情升溫的時刻

不論愛情在哪個階段，約會都是相當重要的，這也是維繫兩人關係的關鍵時刻。在曖昧期間對方所答應的每一次約會，都是同步在確認雙方是否有意願繼續往前一步，透過約會增進對彼此的了解，也從相處的過程中持續評估對方是否值得一直相處下去。兩人之間的約會不一定都帶有特定目的，但是一定彼此吸引，才會答應對方的邀約，因為愛情雖然常常是感性多於理智，但仍須在持續的相處中，確認對方是否為自己合適的另一半。

在一次次約會中，則是能累積雙方相處的經驗，甚至有時雖然愛情無法開花結果，但我們也能在跟心儀的對象約會的過程中，去理解並學習愛情關係的相處方式。在約會中表現浪漫是合理的，例如天冷時以自己的外套為對方保暖、挑選有質感的餐廳營造甜蜜氣氛，甚至是準備驚喜或禮物讓對方開心。不論是陪伴還是關懷照顧，當另一半感到被愛，當雙方感覺對了，也就更能往下一步邁進。

在多次的約會中，我們也得考量外在的衣著打扮，若仍在曖昧期，穿著不得體可是會在對方心中被扣分的，但也無須太過誇張，像女生若是施以精緻的妝容，同樣能讓心儀的男性動心不已。男生也必須學習「看場合穿著」，約女生上高級餐廳時，自己總不能還穿個吊嘎就出門。不過我們從小到大所接收的資訊與生活習慣中，並沒有太多機會學習如何跟愛人相處，反而更常透過影視傳媒的影響來幫助我們。

## #陪伴不孤單

約會的陪伴讓戀人們感到幸福且不孤單。一般來說，兩個人單獨約會才是愛情升溫的時機，雖然有時還有點曖昧，可能會有一群人的團體活動，像是同學一齊聚餐或是同事的派對，過程中也會刻意互動接觸，但最後仍要營造兩人的獨處時光，像是男生送女生回家的車上時間，或是女生想提早離開聚會去走走，男生默契十足的一起離開，只有兩個人獨處的時光才能使約會變得單純，也才能讓愛苗持續滋長。

大多數愛情中的約會，都是在持續維繫穩定兩人的關係，已經正式交往中的情侶，約會就不盡然再天真無邪，在雙方都有意願更進一步肢體接觸的情況下，雙方展開包含了牽手、摟腰搭肩、擁抱、接吻、肢體的撫摸與觸碰，及性愛等深度互動。除了身體的接觸外，心理與情緒上也會有不同變化，在言語上也會說出更多承諾，希望能在約會時表現出自己對愛情關係的重視與穩定交往的期待。在交往初期的約會其實也有考驗對方或自我判斷的成分在，若是在過程中感覺兩人的想法互動無法產生共鳴，也可能導致愛情告終。

但是我其實更想向各位分享遲暮之愛的約會。對於婚姻經營多年的老夫老妻來說，可能在各方面兩人都不再如以往般激情，但仍有很多感情很好的夫妻或伴侶，仍然會有屬於自己的浪漫約會行程。雙方的關係建立在愛情的基礎上相互陪伴，約會更像是兩人特定的相處儀式，例如金婚結婚紀念日或有人生日，也可能只是心血來潮，但是很多時候遲暮之愛卻讓人更加感動。另外對品牌而言，若是在品牌故事中希望能傳遞特定的理念及值得關注的議題，運用遲暮之愛與子偕老的感人畫面，就很能打動人心。

對品牌行銷來說，男女約會交往常都需要有外力協助，像兩人同行外出旅遊，若是只有單一方自己一個人準備，很有可能因為規劃不夠周全，使旅程不如預期而導致愛情受傷，又或是當情侶同居時，能讓兩人享用共眠的甜蜜幸福之情人寢具床枕組合，都是為戀人感情加分的日常消費機會。當然，約會不可能天天吃大餐，所以當兩人想一起在家煮火鍋，但又希望分量不要太多，或是到餐廳吃燒肉時能與對方情話綿綿，但是當一般餐廳環境太過吵雜時，以情侶為訴求對象的餐飲產品服務，就更能滿足消費者的需求。

# 幸福

## #甜蜜蜜的感覺

「幸福嗎？很美滿……」有的人天生就有浪漫的個性，也有人是在愛情中學會浪漫。例如在兩人相處時會別出心裁的準備驚喜，也有人喜歡對另一半脫口說情話，越浪漫的人就越可能表現積極的情緒及態度。但我們不盡然都是浪漫的人，當「哈利遇上莎莉」、「梁山伯碰見祝英台」時，當其中一方展現浪漫，另外一半也樂在其中時，便能成為兩人愛情的美好情趣。但也可能因過度浪漫，反而為對方帶來相處上的壓力。

很多人在熱戀時，到哪裡都是甜到受不了的螞蟻一族，不時的放閃、撒狗糧，熱戀中的男女在荷爾蒙的催動下，會將原本關注其他事物的注意力，轉移到伴侶身上，持續想親近對方，更有人希望將自己所擁有的一切，全數跟對方分享。這時製造驚喜表達浪漫，是自己維持愛情的證明與象徵，人們更會用言語及行動來表達，當對方因此露出開心滿足的笑容時，自己的內心也得到滿足。

期望在愛情裡得到幸福，可說是每一對戀人最重要的願望之一。使人在愛情中感到滿足的一個重要原因，來自於「 幸福感 」，人人一生都在追求幸福，我們對自己的現況越滿意，幸福感就越高，愛情中影響幸福感的條件，包含了對方內外在的行為表現，以及兩人之間的關係連結。而在每個階段的愛情中，能達到目標才能產生強烈的幸福感，像是告白成功、求婚順利、兩人成婚。

## #內在與外在的影響

讓我們感到幸福的原因，包含像能從生活中感受到快樂，兩人的相處與溝通能保持和諧，對方不但理解我們且能尊重肯定，更願意為了滿足彼此而付出努力，達到雙方都覺得理想的目標。幸福感也因人而異，有時光是心靈得到滿足是不夠的，在情緒反應、生活方式、經濟條件，甚至是外人的看法上，都有可能影響我們的幸福感。

還有人對於愛情是否幸福，是透過跟他人比較後得到結果，像是跟自己以前的同學比誰的老公貼心，跟同事比較誰的結婚紀念日收到的禮物好，甚至是跟自己過去的前任相比，誰在愛情中更在乎自己多一點。愛情中的幸福感有時是比較出來的，包含了自己的理想跟得到的相比、跟父母親的婚姻比、跟自己的好兄弟好閨蜜比，甚至是跟前任男女朋友比，但是過度比較可能更無法感到幸福。因此想讓愛情的幸福感提升，知足並感謝對方的付出，也願意適度設置節點，都能讓愛情的幸福維持得更長更久。

幸福感來自於需求的滿足，當自己的需求被滿足但對方卻沒有時，長此以往是不可能幸福的。要讓愛情幸福，戀人雙方不能只有一人得到滿足，彼此關心期望的事也可能受到愛情影響必須調整，像是原本要出國讀書的計畫也可能因害怕失去對方而放棄，這時另一半覺得幸福了，但打消出國計畫的我們卻被迫失去自我實現的目標，若是心理始終存著疙瘩，總有一天可能在雙方發生爭執不愉快時，成為重大的引爆點。

## #現實影響幸福

另外，愛情中的幸福也可能迫於現實環境的變化而受到影響。例如男女雙方原本經濟能力都不錯，可以每周吃大餐去旅遊，但其中一方因為公司倒閉，必須暫時降低約會享樂的頻率；若在此時對方無法諒解，硬是要求維持過往的生活水準才能滿意，這無異是讓愛情承受了過大的壓力，也讓面對職場困境的一方，無法感受到幸福。

在兩人愛情中，對方的行為反應常直接影響彼此的幸福感受，像是一個人其實也能去看電影，但若有對方主動買好電影票還附爆米花，此舉會讓人倍感窩心。再者，當我們常感到自己說話乏人共鳴時，往往只有愛人懂你，甚至是以往想做但沒機會的事，在對方的支持與陪伴下終能付諸實踐……這些點點滴滴，都能提升戀人雙方的幸福感。

兩人愛情中的幸福，相對於雙方的付出，若實際所得明顯高於自己的期待時，也會讓人感到幸福過溢。例如外貌並不出眾的自己，帥哥男友不但沒有抱怨，還不斷讚美肯定，這時自己雖然內心竊喜，但也不免擔心——這真的合理嗎？

為什麼年紀漸長卻往往越難感受到幸福？並非真有什麼不幸發生，而是我們經歷了太多，那些初次的驚喜、彼此的了解與體貼都顯得習以為常。我們希望自己在幸福的同時，更能為對方著想、體諒和包容，如此才能持續擁有幸福感。就像異國愛情一般，剛開始兩人可能因陌生的環境及文化差異，須要一段時間適應磨合，然而狀況一旦上軌道後，雙方就會對生活越來越滿意，對愛情所帶來的幸福感也更加強烈。

## #幸福感的提升

因此，當品牌意圖幫助消費者提升戀人的幸福感時，首先可從擁有「小確幸」的角度來著手。想帶給另一半形影不離的幸福，可在對方辛苦加班的時刻運用線上贈禮的方式為對方送上一杯星巴克的外送咖啡，就是表達心意的好方式。另外品牌也可推出有助於提升愛情幸福感的話題商品，例如帶有酸甜滋味的草莓千層派，或是雙人共享的情人湯屋套票，這些都能成為為另一半帶來幸福感的絕佳選項，使你的心意讓對方感受到。

另外，有許多的品牌商品雖然本身並沒有直接讓人感受幸福的特質，但卻在雙方關係中扮演實踐承諾、關係提升的角色，像是我們平日購買金飾可能是為了自己打扮的需求，但若作為送給愛人的生日禮物，透過行銷議題的塑造，就能夠強化收禮者的幸福感。

或是結婚時男方多半會為女方準備喜餅作為致贈親友的贈禮，這時喜餅的造型若能設計得別有特色，使收到的親友們從看到的外盒或是裡面的喜餅，都能傳達帶有幸福感的巧思時，不但能讓女方親友在分享喜悅的同時，協助消費者解決需求問題，並也能為企業的產品銷售，及品牌的好感度帶來正面的幫助。

# 秀恩愛

## #展示的動機

當兩人擁有幸福時，雀躍的心情就會不自覺想跟自己身邊的好友分享，不論是一起出席活動，還是參與彼此朋友圈及家庭生活，而在社群時代更多人選擇使用照片或影片在路上分享恩愛的畫面。而另一個層面就是透過放閃來宣告自己及另一半「 名花有主 」，當眾宣告也能避免外來的感情競爭者。基本上願意秀恩愛的消費者，對戀情的「 展示性 」較為主動，並藉此讓人知道，愛情關係的存在與甜蜜。

有時我們看到情侶共同參與活動，兩人手牽手、相擁或是親吻臉頰，都還在可接受範圍，但是往往到了社群上就會發現秀恩愛的尺度放大了，像是接吻、肢體觸撫，甚至是性暗示……這就可能引發他人的負面情緒，甚至覺得忌妒、不舒服。畢竟，世界上還有不少單身、情路不順的朋友；要是有人說：「 我們就是喜歡秀恩愛，怎樣？」當然，不論從哪個層面看，只要不違反法律或社群規範，我們都尊重秀恩愛是各自權利的表述，但此時我們就得思考另一個問題——你秀恩愛的原因和目的是什麼？

實際上，仍有很多人不願常常秀恩愛，也不想透露太多兩人戀情相處的細節，除了是保護自己與對方的隱私外，還有就是降低意外的發生率。當兩人約會在高級餐廳打卡，若有意圖不良的人刻意關注，就等於是自己將兩人的行蹤公開攤在陽光下，為想介入兩人愛情的第三者提供了掌握兩人習慣喜好的途徑，更可能找到見縫插針的切入點。

其實，秀恩愛的主要原因，還是在於當事人希望能展現雙方這段愛情的證明，只要兩人感情很好，秀不秀恩愛其實也沒那麼重要，除非我們是刻意要經營「CP人設 」，那這時不論是現實生活還是數位社群，秀恩愛就不只是單純的愛情表現，而是行銷的內容經營了。

## #想要展現的面向

問世間，總不乏「 愛到深處無怨尤 」，愛侶每天 PO 甜蜜蜜的照片紀錄，但若日後兩人意外分手，一方狠心將過往恩愛的照片刪光後才發現，不但自己的回憶不再，許多社群朋友也因為吃不了這麼多狗糧，也早就解除好友了。不過，若從正面的角度來看，若從年輕交往時開始 PO 照曬恩愛，一旦兩人能順利走入婚姻，甚至是一直幸福下去，這些便是許多值得回憶的珍貴畫面，也能讓周遭親朋好友們一起寄予祝福。

還有人是透過展現愛人的優秀條件，像是外貌、收入職業、社經地位及才華，來達到秀恩愛的目的，為的就是希望獲得親朋好友的讚美及羨慕眼光。尤其像是過年時，那種親戚間的拚場更是秀恩愛的大型展示舞台，雖然可能流於表象，但若是兩人都樂於以此達到社交及自我肯定，也是無可厚非。在生活中秀恩愛，能讓雙方感情親密，許多暖心的行為也只是情不自禁或自然而然，就像銀髮夫妻手牽手散步的美好的畫面，是多麼令人稱羨啊！

也有人時常在社群打卡，PO 出情侶兩人一起吃大餐、或是夫妻出遊拍美照的畫面，甚至只是一段文字感謝另一半的用心照顧，對旁人來說都是幸福感的展現。但是對於當事者來說，打卡可能只是整個約會過程中，唯一值得紀念的部分，說不定現實中約會過程裡兩人不斷爭吵，也可能因照顧一同出遊的小孩，被弄得精疲力竭。但仍有不少情侶及夫妻，對於秀恩愛所呈現的幸福分享樂此不疲，甚至積極參與品牌舉辦的相關活動。

## #品牌的參與

對於品牌來說，善用消費者越來越願意秀恩愛的特性，能夠達成更多的品牌宣傳效果。當情侶分享透過品牌服務享有浪漫甜蜜的美好畫面時，經常能吸引其他人的目光關注。另外像是舉辦情人的接吻比賽、秀出自己的婚紗照並加上品牌標籤參加抽獎的活動，一來能讓願意秀恩愛的人有表現的舞台，二來也能達到品牌與消費者互動的機會，更能藉此達到曝光的目的。

另外從產品功能上，像是自拍效果很好的手機、能夠方便修圖的軟體，或是能讓兩人展現甜蜜幸福的打卡景點與特色餐廳，對喜歡秀恩愛的情侶檔來說，具有一定的吸引力。這時若品牌能強化像是網美打卡牆，或是能在消費者的照片及影片中，呈現出令人羨慕且吸睛的主題餐點或甜品，都能吸引消費者前往。畢竟當喜歡秀恩愛的愛侶們 PO 出一張精心呈現的「 幸福美照 」時，也期望獲得更多按讚及眾人的目光。

# 情人節

## #愛情的商業造節

浪漫的情人節是愛人互表心意的美好時光，更脫離不了品牌與商業角色的支持，不論是用巧克力告白還是共赴餐廳享用情人節大餐，對戀人來說，消費既然是無可避免的，那不如讓這樣的節慶過得更有意義。

根據 2018 年萬事達卡「 愛情指數 」統計資料顯示，在情人節的慶祝方式及行程安排上，台灣情侶更願意花錢購買鮮花以及首飾來取悅情人，近 3 成亞太地區民眾在情人節當天才選購情人節禮物；而旅館消費金額位居情人節送禮品項榜首，其次為餐廳吃大餐與旅行的交通支出。

我們受到中華文化、歐美、日本，甚至韓國等影響，一年之中光是情人節就可過至少三次，而最多人過的是 2 月 14 日的西洋情人節（Valentine's Day），同時延伸出 3 月 14 日的白色情人節（White Day），是源自於日本的非正式節日，通常想告白的女性會在情人節時送禮物給心儀的對象，而對方則會在 3 月 14 日回禮並答覆女方自己的心意。

白色情人節的幕後推手，就是製作甜點的「石村萬盛堂」，因為該品牌是以「雞卵素麵」這種傳統甜品起家，製作時只需要蛋黃，所以會剩下大量蛋白，之後引進棉花糖生產技術，利用蛋白製作成軟心棉花糖「鶴乃子」。為了提升產品的銷量，便大力鼓吹情人節回禮的概念，又因製作菓子的砂糖是白色，所以才有了「白色情人節」之稱。對於不少期望收到對方心意的人來說，這樣的節日也給了雙方多一次的機會，就算告白失敗也能收到回禮，也算是相當符合人性。

## #故事的影響

既然有了白色就會有黑色，尤其是越來越多年輕人受韓劇及韓國偶像的影響，對於這個源自於韓國的黑色情人節（블랙데이）也頗感興趣。在 4 月 14 日當天單身的人會穿上黑色服飾，甚至是正式的西裝與洋裝，前往餐廳用餐並指定要點黑色的食物，像是炸醬麵、黑咖啡或是黑巧克力。雖然這原本是屬於單身男女的節日，但是有些店家還會特別舉辦聯誼活動，讓戀愛的人多一次脫單的機會。

當然對華人來說，農曆 7 月 7 日的七夕情人節有著牛郎和織女愛情故事的浪漫背景，讓人聯想到愛情的堅定信念，也讓早期的七夕多了一些習俗，像是女生親手製作禮物或是縫製衣物送給男生，到了現代社會就成了愛慕的雙方互贈禮物及情人約會的好時機，雖然多了些商業氣息，卻也讓我們更記住愛情的珍貴。

另外還有像是 1 月 14 日的日記情人節、5 月 14 日的黃色與玫瑰情人節、6 月 14 日的親吻情人節、7 月 14 日的銀戒情人節、8 月 14 日的綠色情人節、9 月 14 日的音樂與相片情人節、10 月 14 日的葡萄酒情人節、11 月 14 日的橙色與電影情人節及 12 月 14 日的擁抱情人節，聽起來就像是一堆商人搞出來的節日，不過認真想想，多數的故事傳統與品牌推薦產品也都對戀情有所助益，我們就自在的想過就過吧！

對於許多品牌而言，情人節商機乃是兵家必爭之地，從送禮物到訂餐廳，或是看電影到看夜景，最後一起享受美好的夜間成人時光，都有品牌可以發揮的空間。但是也因為商機龐大而且高度競爭，我們若是希望能掌握情人節的機會，來幫助品牌好好的行銷推廣一番，關鍵就在傳遞的訊息中，想要消費者記住什麼。例如牛排餐廳推出了情人節套餐，讓消費者知道有這樣的餐點可以選擇，但是為什麼是這樣的菜單，以及主廚希望情人在享用時感受到什麼，才是行銷的重點。

同樣的，當女生想要送男朋友禮物時，可能對男生來說，只要能收到禮物都很開心，但是若從品牌的角度而言，送一雙 NIKE 球鞋跟送一套訂製的西服，背後的意義就完全不同。前者可能是男生本來就喜歡，但後者若是品牌能夠賦予這套情人節西裝新的解釋，並結合情人節的特殊義涵，或許當男友穿上訂製西服愛上之後，未來連結婚、甚至工作上的需求，都會持續選擇同一個品牌。

過去「情人節」是一個品牌推廣活動的重要節慶，趁機買東西、吃大餐，也找個好藉口為生活增添多點樂趣。對品牌來說，情人節則具有主題引導、氛圍提升、銷售激勵等特殊性。每次節慶活動的開展，品牌必須事前與消費者進行充分溝通，才能提高消費者對品牌的認同，同時產生排他性的優先考量。把節慶的效益提升，甚至運用品牌的獨特賣點，充分溝通並強化宣傳來結合的整體氛圍，同時考慮利用媒體媒介的宣傳，幫忙推動品牌及整體市場的商機發展。

如何「借勢」「借力」，使行銷方案實際上更貼近市場，能更有效地被執行應用，利用情人節作為協助品牌帶來記憶點的機會，並提醒消費者重新對品牌回溫，都是可以一併思考的。例如像是餐飲業，可能有實體店面就可以立即做出因應思考，但像是禮品業、其他娛樂行業，就要稍微調整線上線下的差異性思考。

1. 成立「情人節」活動執行與分析小組

如現有促銷人員不夠或有其他促銷工作仍需繼續進行，可招聘臨時促銷代表。臨時促銷人員可以與大專院校合作，其工資核算可以根據市場情況以天核算，或以活動執行的時間按照小時來核算。培訓目的在於提升對於這次活動的成效分析，以及執行後續的延續性方案。在「情人節」活動結束後一天，召開全體活動人員的專題會議，明確討論這次活動執行流程及注意事項應如何調整、活動的內容、考核與獎懲辦法等，同時進行現場演練並根據問題點進行改進。

2. 活動的媒體宣傳延伸

為增強宣傳和活動影響力，當情人節效益有所差異時，可增加運用媒體的廣告宣傳帶來幫助。選擇合適的媒體投放，讓消費者能從疫情的負面情緒中走出來，重建消費信心，進行一定「情人節」議題的廣告和社群貼文投放，同時可以結合實體媒體像是報紙，製作「情人節」的活動夾報；也可與通路聯合進行推廣，對主力商品進行打折優惠或是提供贈品的消費者回饋活動。

3. 設計「 情人節 」 活動後的消費者激勵誘因

將「情人節」作為品牌與消費者聯合走出疫情、回復美好生活的一個消費者回饋活動，使消費者及品牌都在活動中得到好處。運用合理的裝飾佈置打造出一定程度上使消費者感受愉悅並提升品牌信心的氛圍，在良好的感受下，也可將不利因素轉化為有利。也藉由節慶後的持續連結，與消費者建立更深層的關係行銷，改變「情人節」只是「品牌促銷宣傳」的定位，不但能為下一次的「情人節」行銷鋪路，更能創造消費者因為對品牌建立好感度後，其他時機的消費可能性。

過去的節慶活動通常會在事先規劃的起始點來進行，尤其不少人也會認為情人節應該當天過。但品牌若是能利用節慶的熱度，先提出延伸性的節慶議題與消費誘因，又能讓消費者感受到愛情的溫度，就能利用這樣的機會帶來消費者購買的信心與意願。

# chapter 4

# 關係的穩定

1. 承諾

2. 同居

3. 求婚

4. 婚姻

# 承 諾

「守住你的承諾太傻，只怪自己被愛迷惑。」

〈太傻〉巫啟賢

## #下定決心的表現

對於承諾的認知，有人在意現實利益的達成，也有人在乎的是心理層面的滿足。做出承諾並不是一件容易的事，愛情的承諾相對更是挑戰，比方女生問：「證明給我看你愛我！」這時男生就必須好好思考，究竟應做出什麼行動，才能證明自己的愛。也因此不論是自願承諾還是為了滿足另外一半的保證，不論是誓言還是行為，這樣的承諾都是希望能守住彼此的關係，甚至往下一步邁進。

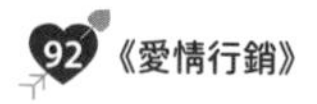

有些承諾作為男女交往的前提，則更為重要。例如某人屆齡適婚，經友人介紹對象，相識的基礎就是希望以結婚為前提交往，所以雙方均抱著成家的期待。因此當一方做出承諾時，就看目標如何達成及何時達成，這時雙方應有共同認知，也因此若是其中一方無法達成，就可能直接導致愛情畫下休止符。當我們決定承諾時，會因為自己或對方所提出的期望，遵守一定的規範及界限，並且為實現承諾付出一定的代價。

而兩人的愛情關係從一人的生活出發，希望融入對方的生活，並與對方精神產生共鳴；因此我們會評估應做出什麼承諾。以婚前性行為來說，還是有人覺得婚前不應逾越，也有人認為只要有戴保險套就沒關係，甚至有人對婚前性愛不設限。當雙方對這樣的認知協調尋求共識時，彼此做出承諾，像是允諾婚前不會偷嘗禁果，或是必定在防範措施下才發生性愛。另外像是答應對方即便是發生爭執，仍不口出惡言，這樣的承諾必須銘記在心，更會在雙方吵架時出言提醒。

## #期待又怕受傷害

愛情關係中的承諾，包含非常可能達成的目標、需要階段性達成的目標，以及雖然不知道能不能達成，但會持續努力的目標三種。總括愛情承諾，最重要的就是彼此對愛情關係的期望，只有抱持希望才能更好，若是彼此在交往中沒有期待，自己也不願被承諾束縛，一旦遇到愛情危機或挑戰時，雙方的關係就可能因此結束。

情人之間對於承諾通常有更大的包容，但若雙方步入婚姻，這時承諾就更需要兌現了。就像在告白時說出：「我會一直對你好」，但就算後來雙方分手，也只是證明這份「好」用完了，但是在求婚時可能會說：「我會一輩子對你好」，那這個一輩子可能就是數十年的時間。

在交往的過程中，有時若承諾無法實現，伴侶還有較大的包容空間，但是在邁入婚姻前卻可能有好幾次的「承諾盤點」，例如對方的父母不喜歡自己，伴侶答應要解決並處理這個問題，或是說好要先個存一百萬才結婚，甚至是本來答應結婚前要一起先去旅行，考驗一下雙方能否在 24hrs 朝夕相處的情況下也能好好互動。

這時若愛情承諾常常無法達成，那麼可能會降低雙方步入婚姻的意願。因為這代表了兩人願意為了愛情所付出的努力及決心不足，甚至與現實有明顯落差。結婚本身就是一個持續實現雙方承諾的關鍵里程碑，否則未來數十年的日子，雙方怎能期待未來幸福會有保障？

同樣的，在愛情的承諾中包含正向的達成與負向的停止。例如答應對方不再跟前女友聯繫，或是不再借錢給討不回來的朋友……雖然對每個人來說，這些承諾不一定必要，但是畢竟愛情是雙方的結合，女方可能因前男友與前任藕斷絲連復合，心中存在著巨大陰影；也可能是父母曾經借人家錢，結果被倒債影響生計；這時雙方協議的承諾之必要性對維繫愛情就扮演了舉足輕重的角色，若沒能遵守承諾，甚至可能導致兩人分手。

## #實踐承諾的決心

而愛情中的承諾還有一項重大挑戰，就是——個人對諾言的實踐能力，以及個人面對際遇變動的持續力。可能我們本來答應對方，要在兩年內結婚，但自己任職的公司突然發生了營運危機進行裁員，自己是否該繼續堅持這個雙方的期待？還是重新與伴侶取得共識？最壞的是選擇放棄，結束這段感情，這就是承諾後的挑戰。每個人的諾言可信度並不相同，從平日的微小細節就能觀察出對方是否說到做到，願意為所答應的事先安排、每天落實。

承諾是維繫愛情關係中的關鍵之一，如果承諾的內容模糊不具體，那麼目標的達成也不易具象化，就像很多人在告白時說：「我會一輩子對你好」，但才交往三個月就吵架分手，這種承諾本身就只能說是難以達成，畢竟所謂的一輩子，除了上帝誰也不會知道有多久，但總不能說要對你好「一陣子」吧，此話一出兩人應該連交往的機會都沒有了。

短期的承諾一般而言比較容易達成，也是個人信用兌現的證明。像是有男生答應伴侶，在一起後就會戒菸，也確實在交往後就不再抽菸。或是女生答應男友，不會再與前男友們聯繫，不讓他們打擾自己現在的生活。

長期的承諾則較難達成，像是兩人可能大學畢業時開始交往，彼此承諾要一起努力工作、提升經濟能力，讓這段愛情關係的品質更好，未來能過上好日子，但男生好不容易努力了三、四年，終於月薪破五萬，女生卻仍覺得對方不夠努力，沒有積極實踐承諾。

事關雙方的經濟價值觀，可能在女生自己的生活圈中，年薪百萬的對象才算是能使愛情有足夠的好品質。當我們期望對方給予承諾的同時也要思考，我們必須為這個承諾付出些什麼，就像有人答應另一半，會改掉抽菸的壞習慣，但為了鼓勵對方實踐承諾，也為了增進健康並圓滿兩人的愛情，可以設定獎勵來支持，像大學女生就很喜歡送男朋友「 愛的戒菸口香糖 」，這也是在為男友兌現承諾加油鼓勵。

願意承諾代表自己對彼此的未來有意願付出去實踐可以達成的目標，即使過程艱辛，仍願持續努力，這也讓兩人的愛情在面對挫折挑戰時，仍然能繼續。隨著彼此對於共同的願景微調，愛情中的承諾難度也會跟著改變，目標達成的時間也會產生差異；就像男生答應要帶女友去旅行，但是原定一個月前就要成行的計畫卻在三個月後才兌現，且從原本的日本三天兩夜變成國旅二日遊，這時所達成的根本與本來的承諾不同，可說是毫無關係。

## #支持承諾的達成

確實有些承諾會隨著時間，被持續強化或改變消失，就像當我們在與對方交往時，一旦知道對方希望能過經濟水平較高的好日子，就會爭取更高的薪水或是創業當老闆，在自己的收入增加後也就能達到自己交往時的承諾，之後隨著兩人走入婚姻也就能持續提升這個承諾的達成標準。但像原本有抽菸習慣的人，答應對方為了健康戒菸，卻在結婚後因興趣開始抽雪茄，這時另一半的態度有可能不再禁止，而是會提醒伴侶酌量即可。

因此，過度承諾也是造成愛情關係產生風險的原因之一，不時都會看見有人在交往時，將房子、車子登記的對方名下，甚至有女性為了讓男生衝學業及事業，為此背上了一屁股債。這時承諾的內容可能就有問題，而若是品牌也能發現這點，並且從社會議題的角度來作為行銷訴求，其實也能對消費者帶來幫助。

另外我們也常常會說「精蟲衝腦」，因為男性想跟對方發生關係，所以為達性愛目的，容易許下自己做不到的承諾，但若女生當真且放在心上，並期待對方後續實踐，就可能會產生問題。

當我們在伴侶心中可信度不夠，比如說好的一起過生日卻臨時必須加班、講好遠距離戀愛每天一通電話關心對方卻偶爾忘記，這時若是在重要關頭做出承諾，就得展現更多誠意實踐。往往承諾是自己許諾，並非因對方要求，一旦說出口，對方也在觀察評估，我們所說的能否達成。這時若是能藉由品牌協助，或許就能更容易達成承諾。像是原本答應每天一早聯繫關心對方，但受限於時間工作的繁忙，若有品牌能提供服務協助，在善意的幫助下就能達成每天傳訊的工作。

還有就是好比我們本來答應親自為摯愛下廚，享受愛的晚餐，卻因自己廚藝不精，因此透過品牌有效學習參加烹飪教室，或是使用烹調更容易的智能廚電設備，都是使消費者能達成承諾的好方法。另外像是前面提到的壞習慣改變，這時品牌若能幫助消費者，也可能成為挽救外情的救星。至於長期承諾的達成，例如金融產品的理財投資，或是幫助消費者可以先消費後會還款的服務，都能讓我們在實踐承諾的同時感受到獲得支持。

其實對於品牌來說，能幫助消費者達成承諾或降低愛情失信的風險，都是相當值得應用的行銷手法，像是除了在廣告微電影設計故事行銷的橋段來提醒消費者，若希望能順利實踐承諾，可以考慮選擇該品牌；另外也可以提出更誘人的產品服務或誘因，像是擁有新房子後的愛情生活更美好，或是購買保險金融產品後能使婚後保障更具體，這些都是品牌藉由消費者對達成承諾時的需要，來延伸行銷的應用方式。

# 同居

## #生活關係的連結

在現代社會中，兩個還沒有婚姻關係的愛人居住在一起，就是同居的基本形式。對於一些人而言，結婚並不在自己人生階段的選項之中，因此即便不結婚同居，或是有了小孩，沒有婚姻的名分也沒關係，只要一方的家庭允許兩人同住在家中，還有的是伴侶的原配偶已經離異或亡故，這時雙方在不急著進入婚姻的狀況下，也可能以同居的形式來照顧彼此及家人。

也有人是已經離了婚，但是因為某些因素仍同住在一起，當然前提是兩人還有愛情的條件下，若只是「室友」則不列算在內。婚前共同居住在一起而有愛情關係，很多時候就是種預先試婚，考驗彼此若是住在一起是否還能順利相處，當然也有年輕人是為了希冀陪伴與性愛的方便而同居，像是在外地讀書的大學生，若是跟另一半熱戀中，就有可能選擇與伴侶一起租房子。

還有一些成年的上班族情侶，雖然尚未論及婚嫁，但考慮到共同分擔經濟開銷，並且能更充分了解對方，也會選擇同居作為可能進入婚姻的準備階段。尤其當其中一方已經購入自己名下的房子時，若戀人同住相處融洽，就可能使同居走向婚姻的機率增加。

## #現實的考量

確實像是到外地發展工作的人，本來就是長期隻身一人，就算是自己租房子，要面對跟室友的相處，更何況若是在沒有交往對象時，夜深人靜獨自一個人，難免感到空虛、寂寞，覺得冷，若是找到了真愛，就會更希望盡快脫離孤單的生活型態，若是對方也有同居的意願及適合條件，雙方一旦達成共識，同居確實不失為對尚未準備好進入婚姻者的一種階段性過渡方式。

在愛情裡選擇同居的人，常常跟個人的家庭成長經驗有關。例如父母親可能酗酒或有暴力傾向，使子女不願待在家中而選擇獨自生活，或是父母鼓勵孩子到外地發展工作，即便與父母同在一個城市也能獨自主自生活，這時也會提高我們單獨在外居住的機會。當離開原生家庭之後，選擇自己買房或是租房、雅房還是套房以及是朋友合租還是跟陌生人分租，都必須考慮到同住室友的存在而隱私有限，這時要是有了兩人的愛情關係，當對方也有相同需求與意願時，就會評估同居的可能性。

# #風險的存在

對戀人而言，同居其實也有一定的挑戰與風險，因為雙方進入婚姻之後至少還有法律的基本保障，不論是身分或是財產都有法律效益，但是有些同居情侶剛開始想得很美好，一旦同住後發現開銷增加，同時卻逐漸發現，彼此的個性與生活方式、甚至是房事都沒能達到預期，這時出現的不安全感反而會更強烈。

除了長時間的相處可能帶來正面與負面的影響外，希望透過同居提升愛情親密度一事，本身也可能需要雙方事前互相溝通了解，雖然我們看到不少大學生或是到外地工作的青年，並不在意同居的結果是不是結婚，但確實每周若只是約會，看到的都是對方美好的一面，但同居卻得忍受對方生活中的壞習慣，對戀情恐怕無法加分，甚至反而可能使雙方對婚姻的期待度降低。

因此對品牌來說，結合產品使用及生活場景的體驗，並增加消費者可能因為邁入同居，所需要解決的問題來思考，就更增進消者的購買意願。像是兩人開始同居時會一起過夜，所以情人專屬的牙刷及沐浴用品，就是品牌可以發揮的空間。另外因為生活習慣的不同，一方可能不擅長做家事，但同居後也不能總是由另一半負起家務責任，這時像是智慧型洗衣機或洗碗機等品項，都能以降低雙方爭執作為行銷訴求，也幫助消費者解決問題。

# 求婚

## #愛情進階的儀式

求婚該如何進行？對很多已經交往一段時間的情侶來說，主動提出的一方通常必須有充足的準備，而且比較起當初的告白，求婚的儀式感更加重要，從地點的選擇、伴侶的偏好和接受原因、求婚戒指或禮物，以及其他驚喜內容的安排，對不少人來說都是一種挑戰。尤其是這些年短視頻興起，很多人的創意求婚影片經過社群媒體的分享，也帶動了專門負責求婚的相關公司及產業興起。

以前我們較常見到的是男生向女生求婚，但是隨著社會環境的改變，女生主動出擊的機會也開始提高。從現實層面來說，求婚的預算雖然不會跟結婚一樣多，但是安排一場有勝算且讓人感動的求婚，太陽春好像也不行。從買戒指開始、尋找合適的求婚場地、

準備求婚道具禮物、現場布置、求婚的特殊劇情橋段，以及兩人親朋好友的參與，甚至在合適的場地還能準備為了告白而拍攝的影片等。

通常在預設求婚會順利的情況下，這麼特別的回憶當然也要記錄下來，所以過程的拍照錄影也不能少，不過有時也會發生求婚失敗，結果因為過程太誇張，而被上傳到網路上的糗事發生。但從不少人的經驗來看，除非對方真的很期待一場浪漫的求婚儀式，不然以過去我們的經驗來說，尤其是男方要向女方證明自己的誠意時，選一家浪漫的餐廳，或是兩人獨處的約會時光，有誠意地將準備好的求婚內容說出來，再加上最關鍵的象徵物「婚戒」，其實對方真心感動就會答應了。

更何況還有不少被求婚的對象，會對過度誇張的求婚方式感到反感，甚至認為當下被「情緒勒索」很是尷尬，所以求婚的一方還是要先搞清楚，對方真正的期待是什麼，別只是為了華麗的表象反而壞了好事。事實上，求婚本質上還是在徵求對方共度一生的認同，不論是兩人之間的默契，還是在公開場合大張旗鼓，走入正式婚姻前還有一段路要走，求婚儀式雖然重要，但也別喧賓奪主，真能達成雙方互許終生才是重點。

## #合適的地點與方式

一般來說，餐廳是最多人選擇求婚的地點，原因在於用餐的環境和氛圍，比較適合營造儀式感，也有不少餐廳品牌因為很多人在此求婚而聞名，這時準備求婚的一方，也會跟餐廳業者討論，如何協助消費者呈現求婚的驚喜，或協助記錄求婚的過程。有經驗的餐廳甚至會將求婚服務視為賣點，也能藉此讓其他情侶更願意上門。

在旅行或出遊時求婚，也是很常見的時機點，像是在兩人第一次約會的景點、有特殊性的夜景或海邊，也可能是旅程中居住的飯店房間。因為在戶外或是異地時，可能更為浪漫驚喜，但更需要事前精心準備安排，像有的求婚者因為對環境不熟悉，或是因過度緊張不小心把婚戒弄丟，這可就成了大大的尷尬。

近年來還有不少情侶喜歡一起從事登山、露營等戶外活動，所以運用露營場地求婚也越來越常見，像是不少需要參與者深度互動的活動本身，就會需要山友及露營同好的協助，也需要品牌豐富的經驗來合理運用現地環境布置，是屬於特定族群容易被感動的求婚方式。

至於若將求婚橋段安排在公園、電影院、機場或是自己家中，都各具優點及方便性與限制，尤其需注意的是若要安排表演互動、親朋好友參與更需謹慎，如果求婚到一半警察突然來現場趕人，或是因噪音被人檢舉，也會破壞原本的浪漫時光。因此在求婚的規劃上，有時借重專業的團隊也不失為一個好辦法，以期達到更好的過程與結果。

對於品牌行銷來說，求婚本身帶有一定程度的不確定性，但是當消費者特別有所期待時，就是借力使力的好機會。尤其若品牌能塑造出「在我這裡求婚的成功機率高」，或是「用我的產品求婚更不會被拒絕」時，準備求婚的新人也就更有意願選擇購買。不過要這時若是有人因求婚失敗，反而遷怒品牌時，也要事先備有公關的危機備案，才不會傷了品牌的形象。

# 婚姻

## #長期的經營

在愛情的里程碑中，走入婚姻是相當重大且關鍵性的決定，男女雙方面對家人的期待與自己踏入婚姻後可能須做出的妥協與轉變，甚至是未來在生活與經濟上共同承擔一個家庭，都是重大挑戰。

然而在內政部的結婚對數上，卻顯示人數呈現下降，110 年結婚對數總計 11 萬 4,606 對（不同性別 11 萬 2,750 對，相同性別 1,856 對），相較於 109 年減少了 5.83%，為近 10 年來新低。越來越多人在愛情中享受兩人世界，但卻不一定願意走入婚姻的束縛。不少人並非對結婚抱持消極的想法，但可能因現實或經濟因素，遲遲無法跟對方走入婚姻。

在愛情關係中，我人們往往會因為個人的喜好選擇情人，戀愛之初也不一定會在意對方的價值觀與個性與自己是否合適，相愛的兩人能否順利步入婚姻，共識通常包含了：結婚的必要性、是否想跟對方長相廝守，以及自己對婚姻的恐懼與期待。戀人相處時，各自對婚姻的認知與期待也往往不同，有人是因為家人長輩催婚、參加同事朋友婚禮感到羨慕，而考慮走入婚姻，但另一半的想法卻可能並不相同。

再者是經濟條件和心理狀況，不同於情侶在交往時不需直接面對，一旦進入婚姻，這兩個議題就無法逃避，此很多情侶都是在卡在結婚這個「 坎 」上，商量究竟是要繼續走下去還是讓雙方關係告一段落。通常我們在做重大決策時，會對未來的可能性提前設想評估，了解彼此對婚姻的期待，其實是步入婚姻的重要前置動作之中相當重要的環節。

但是我們往往擔心若太早提出這個問題，萬一對方的答案在當下是否定的，就算雙方還有時間一起進行準備，但心裡總會有疙瘩，而且，積極主動提出問題的一方，收到的回應若跟內心期待不同，更容易感到挫折。

## #不同的相處模式

對有些人來說，談戀愛是一回事，但步入婚姻後可能開銷大增，同時還要考慮到兩家人的情緒，許多時間金錢的投入，都會造成生活成本的增加。但是，結婚之後能不能得到自己想要的，也就是婚後的保障，現實的生活可能比戀愛的甜蜜，更是左右婚姻能否維持下去的關鍵。很多時候一對戀人決定進入婚姻，除了需要愛情的基礎，更需要考量更多的承諾與負擔，所以，雖然說來殘酷，但確實有不少愛情，儘管雙方彼此再相愛，最後仍然走不到婚姻這一步，當兩人考慮建立家庭接受法律約束的同時，就會更務實的來看待婚姻之中後續發展可能碰到的問題。

甚至當問題出現時，憑藉愛情的力量是否足以解決？例如家庭收入的重新配置，或是面對雙方家庭其他成員的溝通，以及未來若是要生小孩，能否順利將孩子養育長大成人。當我們到了一定的年紀才決定結婚時，也可能不一定是愛情驅使，反而是婚後才持續建立雙方的愛情關係。

像是因為特殊原因選擇與新住民結婚，可能是透過相親媒合，兩人在婚姻之初彼此的愛情關係並不完整，伴隨著生活相處發展出相愛的連結。還有可能是意外先有後婚，這時兩人雖然有愛情支持，但可能有太多問題尚未有足夠的時間溝通取得共識就要面對育兒的重責大任，可以預見婚後也還有一段磨合時間。

另外就是再次走進婚姻的人，包含離婚或喪偶後的第二春、與第三者結合的婚姻，以及原本離婚後重新結合的原伴侶；事實上婚姻有許多樣貌，都不是直接從愛情關係順利走下去的，但是在現實的生活中卻因為有了婚姻，而能夠讓自己與對方得到保障，因此仍值得祝福。

品牌在此時如何幫助結為夫妻的消費者繼續維持情感及守護婚姻，在這個層面上也有相當著墨，像是婚姻關係面臨挑戰時，透過品牌的商品服務幫助消費者度過難關，或是增進婚姻當中的親密程度，即便因為身為父母子媳要照顧孩子與雙親，仍可以透過品牌的幫助喘一口氣。

當我們在婚姻中，希望擁有更高的經濟收入時，鼓勵夫妻一起投入工作，甚至是結婚紀念日兩人共度美好時互贈禮物，都是以婚姻關係為訴求所進行的行銷方式。例如騰訊的廣告微電影中，曾經用故事行銷的方式，來比較夫妻婚前跟婚後的相處，婚前的兩人不論是約會或是爭執都是甜蜜的，但婚後反而因為忙於生活瑣事在互相體諒之餘過於疲憊，兩人之間話少了；這時廣告畫面切入過往兩人約會的場景，兩人經過溝通更明白彼此用心為家庭付出的心意，也讓愛情的美好在婚姻中得到昇華。

還有像是品牌衛生紙潔柔與珠寶品牌時趣合作，探討為什麼年輕人結婚一年就想離婚？並且結合「 紙婚 」這個紀念日來切入，將婚姻中的點點滴滴轉化成像是時時刻刻陪伴我們的日常需求品，貼心的守候在你我身邊。在浪漫的微電影廣告呈現中，也達到了提醒我們時刻珍惜愛情的目的，當然背後帶出的就是更美好的品牌形象，甚至在影片中出現紀念日禮物的推薦選項，都能加深消費者對品牌商品的購買意願。

# chapter 5

# 危機的出現

1. 衝突

2. 嫉妒

3. 第三者

# 衝突

## #相處上的摩擦

疫情期間，許多人都被迫待在家中，而其中最明顯的衝擊之一，就是原本整天在公司上班或跑業務的伴侶，與長期在家照顧其他家人的一方，或者雙方都在職場打拼，直到晚上周末才有較長時間相處的生活模式，都因疫情而改變了。認真想想，當疫情導致家人有更多的時間相處，究竟是幫助婚姻走得更長遠，還是反而造成了更多的摩擦？

在愛情關係中相處時發生衝突，出現不愉快的場面在所難免，這也是一種溝通，就算雙方意見不同，但能在衝突之後冷靜下來討論找出彼此的共識，實際有助於兩人感情的維繫。情路上不可能一直風平浪靜，一旦面對考驗，兩個自幼生活在不同生活環境的雙方認知觀點及做法相異時，會發生爭執衝突是正常的，但是有衝突不見得是壞事，尤其透過一次次溝通後雙方經理性思考後仍願意互相成就、持續前進，這樣的成長才能讓愛情走得更長更遠。

當其中一方有強烈的不安全感，要求對方承諾，希望獲得正面回應時，往往在雙方溝通的過程中也容易發生衝突，像是「這段戀情會走到哪個階段？什麼時候結婚？要不要生小孩？房子寫誰的名字？」這些都會導致我們在愛情裡產生負面情緒，甚至擦槍走火，演變成言語或肢體衝突，更會對兩人的感情產生難以平復的傷害。

因此我們要切記！除了嘗試解決衝突歧見，更要避免做出傷害對方的行為，即使愛情難以為繼，不論是分手甚至離婚，都盡可能好聚好散，即便是因為有其他人的介入，也要顧及彼此的最後尊嚴。但若是真的遇上了危險關係，也要懂得識別及保護自己。

## #不要自作主張

「我是為你好！」這是在戀愛中的雙方產生爭執時，我們常常會聽到的一句話。有些時候我們會試圖以自己的方式來要求另一半，雖然是真心為對方好，但仍有自己的盲點，若對方能接受你的好意，可能看似皆大歡喜；但實際上，你這樣的行為已經越界。這行為放不下的其實常常是自己，甚至背後還可能隱藏你想控制對方的意圖。請捫心自問，若另一半沒有按照你的建議做，你會不會覺得自信心受損、面子掛不住？你是否覺得自己既然是對方最親密的愛人，理所當然最了解對方，知道什麼才是對另一半最好的問題解方？

成為伴侶的兩個人從各自的原生家庭到自己獨立生活，再發展到兩人共處的愛情關係，期間需要不斷調整自我認知以達成雙方共識，甚至像是工作、生活方式及經濟等，都會產生資源交換及連結。

在愛情關係中容易產生衝突的原因，包含像是：感到自己未受到公平的對待，或是缺乏安全感，也可能是其中一方過度干涉導致另一方感到自我被否定，甚至是雙方自身及家庭條件的差異過大，以及第三者介入等衝擊。

在愛情關係中，有太多其實都是其中一方的行為表現造成了另一半相處的衝突。例如男方過度干涉女友的交友及生活方式，或是女方過於善妒，導致男友常常產生尷尬的情況。

但最常發生的是兩人交往時男方都會主動承擔開銷，一旦結婚後卻希望有工作能力的女方也能一起分擔經濟的壓力。也可能是交往初期女生都會在下課時等男朋友來接，但是交往一段時間之後男生開始希望女生能自主處理。另外對於自身資訊的揭露程度也可能產生衝突，像是可能有在外面欠債或糾紛、曾經有過婚姻甚至有小孩、家庭經濟狀況太好或太差，自己可能有特定的情緒或身體的問題……發現這些真實狀況後對方可能感到被騙，而更嚴重的甚至是讓自己淪為第三者，或是必須與對方一同背負債務。

當然若是因為對方隱瞞家裡太有錢，有時就算剛知道時會生氣，但說不定事後反而成了驚喜。雖然這種故事比較像是電視劇裡的情節，但在筆者身邊還真的有因為這樣特別的原因所發生的爭執，只可惜故事的男主角比較媽寶性格，最後兩人還是無法順利走入婚姻。

## #自身的困境

是人就難免有情緒低落的時候，也常常會因情緒轉移，而發生遷怒，多疑也是造成愛情關係中產生衝突的原因之一。一旦我們開始計較自己與對方付出的多寡，或者可能因為自卑與過去的感情經歷、甚至是原生家庭的為問題，而質疑自己是否能夠繼續這段感情。所以，承前文我才會特別說明，健全的愛情關係最重要的元素之一，就是透過先愛自己建立自信。

當伴侶之間的相處時間頻率增加，也常常是產生衝突的原因。原本兩個人各住各的，但是當婚前可能開始同居時，女方可能發現男生空閒時居然在做模型，而男生也可能對女生的生活習慣很不適應，一有空就想去逛街購物。這時衝突雖然發生，但也可能是協助我們雙方重新就愛情的下一個階段都想繼續下去的前提之下找到折衷的方案。另外，也可能是自己不願意改變原有的生活習慣及思維，讓對方感到自己在愛情關係中過於自私。

藉由雙方產生的衝突中發現兩人之間真正的問題，也能藉此檢視這段愛情如若繼續，兩人需要調整的地方，更因增進了彼此互動溝通的機會，使兩人更加靠近。只是這樣的過程往往是一場拔河，也可能一直停在原地尋找平衡，或者發生冷戰，甚至暫時分開，但最終兩人還是會邁向下一個階段，就算是無法並進，至少也能從中學習成長，告別兩人的愛情，人生還要繼續。

我們也常聽到「 貧賤夫妻百事哀 」，不少愛情中的衝突來自於經濟問題，像是對物質生活的認知落差，或是家中經濟出現變故，但更多的是雙方對於用錢的認知差異。好比女生為了面子買太多衣服奢侈品遭男生指責……很多時候愛情關係中所發生的衝突，不盡然是情侶兩人自己能夠掌握，尤其是孕期的順利與否、孩子是否健康出生，婚姻生活中所有相處的過程中產生的非預期變數，雙方如何取得共識、共面對解決，也成了不簡單的人生挑戰。

## #面對問題很重要

兩人之間若是太常發生衝突，將使我們對這段戀情感到懷疑，像是實在無法接受的對方性格缺點，或對彼此家人之間的鴻溝始終無法跨越，甚至是雙方屢屢挑戰彼此的底線，這些都可能是持續引發衝突的無解難題。一旦愛情關係處在一個不確定的狀態中，衝突的發生則可能引發更大的傷害，在交往期可能導致分手，在婚姻狀態下甚至可能引起外遇或是離婚。

當衝突發生時，將導致兩人的關係疏遠，心裡的怨懟持續累積則會使雙方逐漸不願與對方相處，對於原有的承諾也會有所保留、甚至質疑，最終侵蝕了彼此的信任。雙方的關係開始產生變化時，我們試圖努力溝通，希望改變對方的行為與想法，並修正自己對另一半的期待，但若都未能見效，就可能向外界求助，或是尋求壓力宣洩管道；例如跟好哥兒們或閨蜜訴苦。

感情中的問題經過了雙方的努力之後通常會得到幾種結果：像是彼此改變自己的堅持、選擇退讓，讓這段感情能繼續維繫，但也可能選擇結束關係，讓自己或雙方從困境中解脫。

## #找到降低衝突的方案

近年來最著名的案例就是「 哥吉拉事件 」。當婚姻中的一方不懂得尊重對方的喜好，跨越了「 物權 」的界線時，兩人就可能瀕臨離婚。同樣地，這時品牌若能善用優勢，說不定還能挽回一段婚姻！台灣的 IKEA 就在臉書粉絲專頁上 PO 出可以上鎖存放公仔的玻璃門櫃來當作訴求，回應這則鬧得沸沸揚揚的事件；強調玻璃櫃「 可上鎖，能有效防止親戚孩子拿走公仔 」。這則動態不但扣連了時事議題、跟上話題熱度，也讓一些有類似困擾或擔心因類似原因而離婚的夫妻能找到理想的問題解決方案。

尤其是尚未打算結婚的一方，更可能對於是否現在就要為人父母，並被迫走入婚姻而感到排斥，想逃更被視為無法達到承諾……這樣的衝突可能直接導致愛情關係的結束。

所以像是保險套品牌的行銷訴求，消費者可以透過使用產品保障愛情除能擁有美好的性愛，更不會受到人命關天的意外驚喜或驚嚇影響。或是例如服飾品牌 Lacoste 就用廣告和畫面提醒我們，別讓衝突最後導致婚姻的破裂，只有兩人努力維持，才能讓愛情中的彼此得到安全感。

而同樣的衝突反過來，若是兩人本來預計步入禮堂，但健康檢查時卻發現其中一方可能不孕，更多的是夫妻結了婚之後，經過數年多方嘗試才發現原來有不孕問題。當我們必須經歷面對不孕的治療過程與費用、結果還可能不如期望，甚至是另一半如十分重視子嗣，該如何面對不孕及戀情是否還能繼續。因此像是醫院、生殖醫學機構或是其他領養相關非營利組織，就能做為此時夫妻衝突中的協助者和調解者，帶領兩人找到解決問題的方法，也讓愛情能繼續前進。

# 嫉妒

## #在意的原因

在愛情關係中，當兩人之外出現了其他變數時，像是有人對自己的女朋友示好、老公開車送辦公室的女同仁回家……當人感到嫉妒時，會主動表達出自己的不安全感。愛情中的嫉妒，常與當事人周遭的人事相關，尤其與好友閨蜜之間產生比較心態，對方過得太美好就顯得自己不足，有時甚至連自己的另一半愛屋及烏照顧妳閨蜜，妳也會感到嫉妒。我們經常可以發現，會產生嫉妒的對象和原因，其實與自己本身具備的條件，在認知上是相近的。

畢竟雖然很多人都把知名的偶像「 國民老婆 」掛在嘴邊，也不會真的因為她結婚了想要跟她老公競爭，頂多只是把吃醋掛在嘴上 murmur 一陣子。但若是跟我們條件相近的普羅大眾人或事，

就會讓我們的威脅感提升，尤其在愛情中嫉妒的發生，很大一部分是擔心可能的第三者介入兩人戀情，而導致彼此關係喪失。

最常引發戀愛中的男女嫉妒的原因之一，就是另一半與舊情人接觸，尤其是刻意隱瞞，因為畢竟兩人曾經有過戀情，甚至性愛，這時就更容易擔心兩人擦搶走火、舊情復燃。如何避免情人與第三者真正發展成外遇，也正是考驗我們如何運用智慧。

當在第三者面前覺得自己輸人一截，嫉妒心將使我們情緒起伏不定，變得多疑，甚至忍不住以行動宣示主權。例如男生發現有男同事偷偷對女友示好，就更積極天天接送女友上下班，或是老婆趁老公不注意時偷偷檢查其手機，懷疑老公常在自己背後跟其他女生講電話。愛情嚴密的防守確實有助於防範擦槍走火的意外產生，但若管得太緊，也可能反倒影響兩人原本關係的發展及信任度。

## #保護愛情關係的反應

當我們發現兩人的關係之間可能有第三者存在時，衍生的嫉妒是為了保護雙方關係，避免另一半「一失足成千古恨」，也藉由行動來提醒並捍衛專屬兩人的愛情。

當愛情中可能有曖昧的第三者介入時，正宮／正主的表現會直接影響到這份關係的變化。一旦嫉妒產生，自己將受迫刺激採取防範行動，以免另外一半出軌或是動搖。另外就是由於自己不經意的放電，誘使曖昧對象靠近尋找機會，當下若我們的伴侶適度的表達吃醋的妒意，也可以藉由提醒來避免後續的問題發生。

但忌妒在曖昧階段也會出現，就像兩個籃球隊的男生，都想追美麗的啦啦隊長，這樣的情況就會造成相互競爭，當其中一方獲得較多的關注與青睞時，另一方就會產生嫉妒。然而有時嫉妒反而能改善甚至強化兩人關係。因為一旦我們感到對方吃醋，就代表此人對這段感情的重視，當然忌妒也必須適可而止。

有趣的是，太過甜蜜的愛情，有時甚至可能意外引發第三人的嫉妒。例如女孩經常跟自己的閨蜜分享自己與男友的幸福甜蜜，甚至連床第之間也不避談；萬一哪天閨蜜的嫉妒情緒被誘發，這也等於是給自己找了一個潛在的競爭者。

## #自己的認知問題

社群媒體的興起也讓嫉妒更容易發生，但有些時候在愛情中出現的嫉妒情緒，並非對方真的有問題，反而是我們的想法或認知所導致的。例如女友在工作上遇到瓶頸，求教於職場中的男同事，這時男友除了擔心兩人過多的互動之外，其實更無力的是覺得自己幫不上忙。同樣當嫉妒的情緒一旦轉變成強烈的憤怒時，反而會真的把愛人推得更遠，甚至傷害了對方。

愛情中的嫉妒者若無法正視問題出現情緒失控，就可能產生攻擊或霸凌問題，像是現任女友對於男方的前女友言語或肢體攻擊，或是發表網路言論來侮辱對方，造成其心理傷痛。

另外，從愛情中延伸出來的霸凌行為，以國內的法令規範，可以定義為：「指個人或集體持續以言語、文字、圖畫、符號、肢體動作、電子通訊、網際網路或其他方式，直接或間接對他人故意為貶抑、排擠、欺負、騷擾或戲弄等行為，使他人處於具有敵意或不友善環境，產生精神上、生理上或財產上之損害，或影響正常學習／生活活動之進行。」

而若是遭霸凌者甚至跟加害者在同一個環境讀書生活時，逃避不一定能使對方停止舉動，嫉妒也常是導致霸凌的因素，尤其是愛情具有獨佔性及比較心態，當我們遭遇到前任男（女）友的另一半霸凌，已經對自己的精神及生活層面造成傷害，甚至影響職場及健康，若經嘗試仍持續與加害者無法溝通，這時就必須考慮透過法律途徑來解決。因此當我們開始感到嫉妒時，也可以透過品牌的幫助來降低兩人之間、甚至是三人間的矛盾。

例如我們常因工作必須與特定對象接觸時，像是泰國的口氣清新產品品牌就用廣告來提醒消費者，其實只要靜下心來觀察，根本沒什麼好嫉妒的，吃味對愛情也沒幫助。還有像是化妝品的品牌也曾推出，當老公常跟其他女生互動太過親密，使我們感覺受到威脅時，只要善用化妝技巧重新贏回老公，也讓第三者知難而退，因為與其嫉妒，增添自己的魅力更重要。

# 第三者

## #意外的出現

在愛情的組合中，雙人行是常態，一旦有人想腳踏多條船，就成了「 外遇 」，若男未婚、女未嫁，或許還能解釋為多看多聽多比較，但若是兩人已經走入了婚姻，這可就成了「 婚外情 」。我們在交往期間，若是其中一人與他人不小心看對眼，甚至發生了超友誼行為，被劈腿的一方難免感到遭受背叛。然而對比到婚姻中的外遇，狀況就更為嚴重。會產生外遇的主要原因像是兩人的溝通持續不良、重大問題意見紛歧、性生活不協調，甚至是覺得對方在愛情中的吸引力消失了。

外遇的問題不會是突然發生，生活環境的變化也常常是造成的原因之一。例如夫妻其中一方要到外地工作、搬家，甚至是因為兩人有了小孩而發生相處方式的改變。不論是在韓劇還是日劇，外遇題材也常是讓人看了氣得咬牙切齒，卻又容易沉迷其中的題材，像是《金魚妻》、《畫顏》、《賢者之愛》、《妻子的誘惑》及《夫婦的世界》，當然在台劇之中，最具代表性的就是《犀利人妻》。

不論是看到渣男和小三被狠狠修理，還是正宮最終獲得勝利，閱聽眾相當容易被帶入劇情的自我投射。只是在當社會越來越多元開放，外遇也變得越來越普遍，甚至當「通姦罪除罪化」後，婚姻關係失去了刑法的保護，婚外情的發生機率也可能有所變化。

其實所謂「外遇」，包含了兩個層面，不論是精神層面或者行為層面的外遇，造成的很大原因就是因為當事人對現況「不滿足」，但不論是對另一半的不滿足，還是對自我現況的不滿，都不足以成為傷害伴侶的藉口。當然人生不如意事十常八九，哪有事事都滿意的？所以一旦愛情關係出現問題，外遇無法得到救贖，只有盡可能面對另一半努力溝通，或是從自己出發做出改變，才能改變僵局。

## #主被動之間

遭受外遇的悲情角色可能具備著良好的條件優勢，像是家世背景經濟良好、工作穩定、個性賢良，也很負責任，看起來就令人同情；就算自己的各方面條件都不差，卻仍因某些因素被另一半背叛。反倒是有些外遇的受害者，個性自私、不尊重人，甚至長期利用自身優勢以言語或肢體施壓脅迫對方，這時所發生的外遇就讓人覺得情有可原了。

有些品牌在行銷創意應用時，就發現了：若能從不同的觀點來運用，就算是外遇議題也可以是一種加分方式。像是在元行銷的故事行銷中，找出即便看似條件不錯卻仍遭另一半背叛的角色，適時帶入品牌協助，使擔心自己也面臨相同風險的消費者，能降低意外發生的機率；或者是從雖然發生外遇但情有可原的立場，提出品牌的憐憫及社會關懷，也能獲得不少人的共鳴。就像以《瘋狂亞洲富豪》片中女主角的母親為例，當品牌從消費行為的溝通提升到社會議題的思考時，也讓外遇議題成為能夠被討論應用的行銷元素。

我們常常認為男性有較高的外遇機會，然而如今，像是已婚的女性，不再像舊時代外遇得背負著沉重的道德壓力與罪惡感，現代社會中有越來越多女性經濟能力不比男生差，在評估結束婚姻對自己並不見得有利的情況下，選擇外遇作為情緒出口的機率也相對提高。甚至有些外遇的秘密，只有自己跟閨蜜們知道，當事人在內疚感的驅使下，反而對另一半更為溫柔，但前提當然是外遇不能被丈夫發現，否則後果不堪設想。

有時即便外遇發生，男女的婚姻也不見得會做出分手或離婚的決定，尤其是外遇受害者通常會思考，與其結束愛情關係是否原諒對方對自己實質上更有利？特別是兩人關係中資源弱勢的一方，有幼齡子女的夫妻更可能為了下一代而妥協。但是即便沒有選擇結束彼此關係，還是需要外遇的一方去處理第三者的問題，且在對方誠懇道歉取得諒解前，會選擇疏離以示不滿，甚至在另一半的默許下直接代為出手，由元配跳出來與第三者談判。

# #問題的出現

兩人的愛情關係一旦觸礁，不論何時，其實都能透過分手或是離婚畫下句點；但複雜的是，很多外遇的發生，都卡在原有的雙方關係依然存在的情況下出現。尤其是當事人如果個性猶豫不決，又剛好碰到外在誘惑，甚至是第三者蓄意的主動出擊尋找機會，那麼外遇的發生機率就會大大提高。因此在愛情中身為弱勢的一方，往往會希望透過提升自我魅力與價值，來降低外遇的可能性，以維繫這段感情。

多數人在發生外遇後，初期會對情人會產生內疚感，但受害方往往會優先選擇逃避，一來是不想面對已經發生的錯誤，再來是需要時間去重新釐清三者之間的關係。許多情侶在未有明確走入婚姻的打算、但相處上卻又不到分手的階段時，其中一方可能會衝動的想在第三者身上尋找不同的機會與答案。也有人是因為原生家庭曾遭逢第三者介入，導致對婚姻充滿不信任感，擔心自己走入婚姻將重蹈覆轍相同的痛苦與折磨。

甚至因這樣的恐懼，自己在行為上對婚外情的衝突加劇，最終卻變成了妻子外遇的推手。當外遇發生在婚姻狀態下，是否該離婚結束彼此關係，是比交往中的情侶更大的難題，尤其是如果第三者將可能取代自己，擁有現在的家庭，包括伴侶、生活甚至是經濟財務，那當事人心中的痛苦更是加倍。遭受外遇背叛的一方，也常常因為心靈創傷而產生憂鬱、焦慮、睡眠障礙，甚至是暴力仇恨的傾向。

許多宗教信仰勸慰信徒面對配偶的外遇問題當付出更多的原諒包容，但人非聖賢，就算當下給了對方機會選擇原諒，也難保之後這樣的背叛是否不再發生。婚姻外遇中的受害方自己若是想倚靠宗教信仰的力量來度過難關，有時或許真能退一步海闊天空，但也有人始終仍過不去這個坎。

## #第三人的立場

以《犀利人妻》為例，劇中身為女主角的妻子其表妹因故住進了女主角原本幸福的家中，但女主角卻沒有及時意識到危機出現，就算曾對丈夫挽留與妥協，卻仍然輸給了第三者。而韓劇《妻子的誘惑》中則是，原本的妻子在輸給第三者之後消失，改頭換面後反而以第三者的立場奪回優勢。所以在外遇的情境中，正宮都會希望透過手腕增加個人魅力，使第三者知難而退，並讓另外一半回心轉意。

在感情中發生外遇就不只是兩個人之間的問題，除了外遇者和被外遇者之外，第三者也扮演了關鍵的角色。原則上多數的第三者自知介入他人感情還願接受這樣複雜的關係，為了強化自己的優勢，常願意單方面付出時間精力來配合對方，也更願意無條件支持傾聽情人的痛苦和悲傷。成為第三者的女性，有時就是因為看到原生家庭的不幸福，對婚姻恐懼不信任，因此當男生對自己示好，雖然明知對方可能已有家庭，卻仍希望能把握住這段愛情而委屈自己。

而不少第三者擁有姣好的容貌體態，使人深受慾望吸引，以優異的性技巧與體力讓獵物沉溺於雙方的性關係中，離不開第三者。同樣的，第三者不盡然願意永遠在三人的關係中屈居弱勢，也會希望運用自身的優勢，獲得感情的主導權，像是使對方離婚分手，自己能取而代之。

## #行銷的題材

一般來說，品牌會避免運用外遇題材來做行銷，但這些年因為不少名人的外遇事件也成了大眾注目的焦點，所以總有品牌想蹭熱度吸引消費者目光，會用「 隱喻 」或是「 擦邊球 」的方式來發揮。我就個人的觀察，輕鬆分享一些案例，也提供真想跟上這類議題的行銷人，一些幽默有趣的新想法。

這幾年有幾個比較經典的相關創意題材，例如：有品牌強調，車主若是安裝了該產品，就不會不小心滑進摩鐵嘴對嘴，或是只要吃了某品牌的料理，就不會再想跟第三者一起炒飯，甚至是也有業者打出「 回收渣男 」的作品，讓歌迷及社會大眾在看到的同時，都能會心一笑。這些廣告的創意及社群應用，常常能吸引眾人的目光，也因此注意到該品牌的特色，所以只要應用得當，也是不錯的行銷方式。

不過，外遇的議題在應用上也要特別謹慎小心，別一下子玩過頭。之前也有保健食品的廣告用身材及小三來作主題，反而變成影射身材不好就會造成外遇，或是有好身材就能為所欲為，最後廣告也在輿論的壓力下下架，這對品牌來說可就得不償失了。

# chapter 6

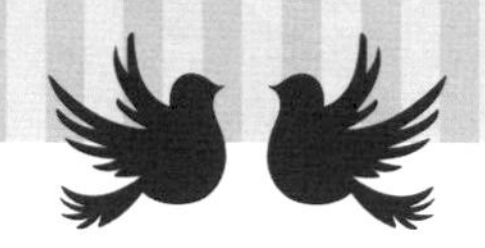

# 離別的時刻

1. 分手失戀

2. 離婚

3. 再續前緣

# 分手失戀

## #離別總有時

有時候我們身邊就會有那麼幾位，本來兩人還在曬恩愛，突然之間就分手了的例子，被分手的一方哭得一把鼻涕一把眼淚，訴說不理解為何相愛的兩個人突然之間走不下去，不知道自己究竟做錯了甚麼。在愛情裡，不論是新手的初戀，還是老手的戀情，面對分手總是讓人不知所措。分手代表了愛情關係的終止，多半會讓我們的人生受到劇烈衝擊，更像是原本美好的愛情破碎撕裂，自己也就不完整了。

當我們所愛的人提出分手，自己卻還沒做好心理準備時，那瞬間有人哭得撕心裂肺、有人暴怒生氣，有人冷漠的表示同意後，再狠狠的修理對方。也有不少人並非一次就斷然分手，而是在提出後又給對方機會，或是在對方的央求下，心軟繼續使兩人的感情又維持了一段時間，直到真的受不了才再次提出。這時，讓被分手的一方就像從失望中得到了希望，但又再次落空。甚至是女方提分手遭拒，不久換男方提出，這時女方可能因面子掛不住而沒有答應，就這樣來來去去才終結這段虐戀。

在兩人愛情的相處過程中如果察覺發現對方的行為有異，像是性格偏激控制慾強、甚至有暴力傾向時，更要在分手時特別小心，因為這樣的人一旦情緒不穩，就可能做出危險舉動，甚至可能持續騷擾，成為擺脫不掉的危險情人，這時主動提出分手的一方勢必要更加小心，防範對方試圖以暴力傷害威脅拒絕分手，或是央求來個「分手性愛」但卻側錄偷拍作為威脅手段。

## #分手的原因

在網路平台《Social Watch》的調查中，針對各大感情討論社群，追蹤 2021 全年度網友對於分手、離婚的熱門話題，像是：

1. 男友要原PO素顏去拿外送，一氣之下推倒他的PS5被分手……
2. 要分手了== #載女友 #不準時
3. 富二代女友堅持要台北買房，婚戒沒有一克拉不嫁，七年感情被分手？ #買房 #鑽戒 #沒錢
4. 消失五年的男生突然出現說他們還沒分手，還一直罵原PO劈腿？ #網路認識 #失聯
5. 把男友的車撞壞了，維修要上萬元，他只淡淡說了句：先分開好了？ #改車 #撞壞

乍看好像新世代對於導致分手的原因，有了跟我們過去不同的認知，但是從現代社會的角度來說，這些也只是在愛情中將自己的角色看得比對方更重要罷了。當雙方的認知無法繼續，分手結束感情也更容易說出口。另外像是劈腿、出軌、因為前任的因素、遠距離愛情、金錢觀、性觀念及體態外貌等因素，都是較多人討論的情侶分手原因。

## #失戀的情緒反應

失戀時我們往往只願親近信任的朋友宣洩情緒、傾訴，甚至會一次次反覆重提。因為分手情人所在的環境，可能重複觸發失戀的負面情緒，像是兩人仍在同一個班級上課，或同在一個職場工作，甚至因為有共同的好友，而不斷聽到對方的消息。主動分手的一方多半已事先做好了心理準備，但也有那種「 一言不合就嚷嚷分手 」的，可能只是忍不住一時衝動，若對方直接答應，使自己後悔都來不及挽回時，就會產生更多的自責、悔恨的情緒。

若兩人能和平分手，甚至還能繼續當朋友，悲傷的情緒會降低一些，因為不會有失去一切的剝離感，但若真的打算不再相見，不論在現實生活或網路世界中，保持距離或斷絕聯繫對不少人來說，反而更有助於走出分手的情緒。也因此有的人失戀後會選擇人間蒸發，除了避免觸景傷情，也是保護自己盡快走出陰霾的一種方式。

失戀的傷感常常是累進的，剛開始感到愛情可能不保，若雙方能面對面提出分手，還能讓兩人的愛情有個終點及重新開始的準備，但也有不少人因為無法面對，就只是傳個短訊，甚至是不辭而別，這更令人覺得生氣無奈。或者兩人若是與網戀或遠距離愛情，失戀很可能是若即若離下逐漸走向的結果。

有些人在分手後會不自覺地一直回顧手機裡的過往訊息，回想當時點點滴滴，或忍不住思念查看對方的社群動態，想再跟對方說說話；但若自己被分手心有不甘，也有可能產生報復。在數位時代下，遭遇分手時許多人會到社群的討論區，包含 Dcard、PTT 及 Facebook 相關粉絲團，分享自己的遭遇抒發情緒，以尋求幫助。

## #不辭而別的離去

未經分手，對方的不辭而別，最是讓人痛苦困惑。可能是一方不願意面對分手的尷尬，乾脆一走了之，也有人真的是發生了意外來不及說再見，不辭而別可能是逐漸結束、沒有正式畫下句點的過程，但也有人是突然間就斷了聯繫。

很多時候要我們自己去界定失戀，並不是件容易的事情，尤其是愛情關係的型態那麼多樣，像是面對雙方相愛相傷的「 虐戀 」時，失戀更像是一種解脫。因此，提出分手的一方，如何使雙方和平理性的從愛情輕舟上岸分道揚鑣，而非將彼此怨懟的想將對方推踹下海，那可是一門學問，也是戀愛男女必須學習面對的功課。

像是像是本來還在談戀愛的高中生或遠距離戀情，畢業典禮後其中一方突然消失，不但找不到人，而且連聯繫方式都斷了，這種失戀需要一段時間才能確認愛情結束。往往不辭而別所帶來的內心傷害反而更深，會有好一段時間因為並不確定，這段感情是否正式結束，在等不到回應的狀況下，產生無數的自我懷疑。

但若是因為關係無法立即結束，雙方也沒有明說是否分手，這時不辭而別有時也是一種懸念，雖然數位時代通訊如此發達，但刻意不聯繫仍是做得到的；但對被迫失聯的一方，處於進退失據、懸而未決的不明狀態，都將使當事人面對失戀分手的過程變得更加艱難。畢竟若是突然發現對方是因意外或生病而消失，但彼此對愛情的期待還在，就算知情時自己已經結婚有了新的家庭，心中的遺憾何嘗不能成為埋藏在內心深處的祝福？

## #面對失戀的負面情緒

失戀的初期人們因為面對愛情關係的破滅，對自我認同可能產生動搖，因此重建個人的自信心也是傷痛復原中很重要的一環。分手後人們常常會出現負面情緒，像是生氣、沮喪、寂寞、恐懼、無助、挫折、疑惑甚至是憂鬱焦慮，更嚴重的甚至會有自我傷害或攻擊行為。對於被分手的一方而言，因為在兩人關係的主導性上處於被動，有時會有一種被偷襲的感覺，將產生更多負面情緒，也可能引起更強烈的報復行為，尤其當對方若是因為有了第三者而分手，失戀者更容易感到不甘心，覺得被欺騙。

至於分手後的失落感，通常以沒有婚姻關係的戀愛狀況下較為明顯，因為婚姻的結束，必須面對許多經法律程序理智處理的問題，但戀愛的分手，則著重在心理及情緒的調適上。人生中我們難免會遇到無法解決的困難，對身心造成某種程度的影響與衝擊，而失戀更是讓我們感到從原本的愛情，甚至是幸福感中被剝離開來。

對前任情人的重新負面評價，雖然聽來消極，像是在否定過去有過的美好及曾經欣賞對方的優點，但是我們卻常發現，在失戀階段對前任的正確評價，與過去愛情的依戀能切割得越清楚，在未來的愛情甚至婚姻之中，就不易再受到前任的影響，而發生藕斷絲連的外遇風險；甚至有時在新的戀情中稍微負面評價前任，也不失為是讓現任更安心、自己也能獲得安慰，一種無可厚非的做法。

## #重新出發的力量

分手之後會有一段時間，人們進入失戀的空窗期，因為這時的愛情關係處於暫停溝通，即便有其他人可能想利用這個時間示好，但因為失戀者內心或許對原有的關係還有所期待，直到發現對方真的已經不再回頭，自己也已心死時，才可能考慮下一步的發展。

而此時品牌扮演了相當重要的角色，如何陪伴消費者重新找回自己，甚至是讓消費者更願意接受一個人也能過得很好。人們受迫於非自願失去愛情關係時，會產生失落與哀傷，也會為了保護自己而產生自我防衛。失戀的復原是相當重要的階段，你我其實都是從愛情的傷痛中成長、放下過去後使自己更加強大，才能準備好再次走入下一段愛情中。

所以越來越多的新創企業，訴求幫助想分手的人「和平分手」，也有很多品牌則是訴求，陪伴消費者走出失戀的陰霾並重新找回自我。在我們失去愛情後，如何走出傷痛就成了一大學問，有人選擇親友陪伴散心，或是投身工作讓自己保持忙碌，也有人積極尋找下一段戀情。

在失戀之後，一個人獨處的時光總是特別煎熬，要是能找人說說話，不論是閨蜜或是哥兒們，能有人傾聽自己說出內心的感受、抒發情緒，就能使失戀的痛苦降低。

有時在我們戀情尚未結束前，兩人就常常爭吵冷戰，因此當戀情真正結束後反而有種鬆一口氣的感覺，這時很多本來自己想做的事，就可以趁機去實現。像是報名健身房去鍛鍊一下，或是報名才藝班來精進廚藝，甚至是來場自己與靈魂對話的深度之旅。

旅遊不失為是失戀時，幫助自己走出陰霾的好方式，勇敢地報名旅行社的婆媽行程，跟長輩們一起開心玩幾天，或是與三五好友來場自助旅行，都是使自己轉換心情的好方法。

## #找回自己的過程

就像台劇《 俗女養成記 2》的劇情中，家中三位同病相憐、為情所困的人開著休旅車，展開奇妙的公路旅行，同時也幫助失戀中的女主角，走出了自己的困境。尤其是當失戀的原因是被另一半嫌棄身材時，運動健身除了可以讓自己走出失戀的情緒，還能在過程中真正使自己更好，連帶的也改變了體態及健康。

若是因為在戀愛中習慣兩人世界，突然孤單一人時，則可以把那些想學的才藝和興趣，好好地找回來。在失戀時去學習畫畫、廚藝，甚至是新的專長，都可以提升自己的自信心。

回到透過消費得到安慰的行為過程，不論是大吃大喝還是瘋狂購物，都是宣洩情緒療癒自己的常見方式，雖然傷荷包卻可能使愛情的傷口癒合，就《 像來自星星的你 》中的千頌伊，偶爾也會對自己的失控感到不好意思。我們常說，真要從失戀的傷痛中痊癒，必須得真正走出來，需要時間及鼓勵，這時品牌就能扮演幫助失戀者重新開始的角色，不論是透過廣告微電影的故事分享，還是社群上的活動參與，都能讓消費者覺得自己並不孤單。

# 離 婚

## #婚姻的終點

當愛情走到終點的時候，如果兩人還只是情侶，能夠乾脆地結束也是件好事，但若是已經進入了婚姻，這時要選擇分居還是離婚，甚至是小孩的撫養及財產分配，每次談判過程都是種折磨。根據內政部統計，2021 年國內的離婚對數 4 萬 7888 對，已連續 4 年下降；整體來看近 10 年離婚概況，101 年起至 110 年，離婚對數呈波動趨勢，101 年 5 萬 5835 對最高，103 年下降至 5 萬 3144 對後，106 年又緩增至 5 萬 4439 對。

不過總體來說，台灣的離婚率僅次於中國，在亞洲排名第二。這時或許我們應該思考的是——是什麼原因讓婚姻關係這麼不堪一擊？

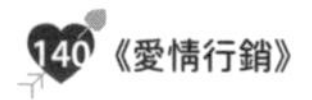

婚齡的中位數平均來說為 7.95 年，顯示半數離婚者婚齡未超過 8 年，這當中又以婚齡未滿 5 年的對數占 34.75% 最多，創下近 10 年新高。事實上從結果來看，自 102 年起至 110 年，民眾未滿 5 年離婚者占比皆超過 30%，而且有逐年升高的趨勢。以前古人常說「 七年之癢 」，以分析看起來也不無道理，但是更值得關注的是 5 年以下的關卡。因為現代人更重視事業及自己的生活，尤其是職場更多的新女力崛起，那些不怎麼樣的男生，也越來越不容易在婚姻中維持優勢。

當婚後因為雙方的權力結構改變，其中一方在婚姻中看不到未來時，就很有可能選擇早點結束婚姻，給彼此新的開始。有些人對婚姻本來就沒有所謂的「 長久性 」認知，甚至在進入婚姻前就明確表示，一旦婚姻發生問題時，離婚會是必然的選項之一。有的人則是受父母親影響，親眼目睹過婚姻問題所造成的悲劇，也能是自己過去在愛情中經歷太多挫折，所以覺得離婚沒有什麼了不起，只是一段關係的結束罷了。但實際上，離婚不只是兩個人的問題，還有更多是外力的介入所導致。

## #責任的歸屬

會造成離婚的原因，包含對婚姻不忠、生活習慣與認知衝突、價值觀與金錢觀有落差、性生活出現問題、無法與對方家人相處，及出現言語與肢體的暴力等。離婚不僅只因夫妻雙方，也可能是彼此家庭的相處與關係發生問題，尤其像是婆媳問題。在現代社會中，新一代女性擁有了更多經濟生活自主的能力，若是婆婆還想擺出一副長輩最大的嘴臉，丈夫卻又懦弱不敢發聲溝通協調，因此導致離婚的機率也就大幅增加了。

一旦走到離婚，雙方在意的包含小孩的監護權、撫養權和探視權、贍養費支付、離婚後財產分配及如何自理生活。近日憲法法庭在辯論「離婚有責性」違憲的議題，以往想離婚的一方，自己不能犯錯，因為如果犯錯還想主動離婚，法院是不會同意的；但如果「離婚有責性」不再具有絕對性拘束時，那代表以後夫妻離婚不必再看誰對誰錯，只要有一方覺得過不下去，就可以要求法院判決離婚。

雖然這點聽來可能使更多在婚姻中犯錯的一方反而能輕易提出離婚，但對願意維持婚姻的另一方而言，這反而更是個強而有力的提醒。失去婚姻之後，不論是哪一方的生活、情緒感受都會發生變動，如何重新定義自己的角色與位置，就成了人生下一個階段的重大挑戰。

讓人意外的是，婚齡超過 30 年以上的離婚對數也略有增加，或許是因為儘管不少銀髮夫妻一起走過了許多年頭，但在孩子都大後無所牽掛，或無關子女，純粹是多年相處後感情變淡，趁著自己還有自主生活能力的同時，給予自己和另一半開啟下一春的機會。

## #品牌行銷的商機

從行銷的角度來思考，從如何協助一心維持關係的伴侶鞏固情感，或是成為雙方在婚姻中碰到問題時可靠的助力，甚至就算兩人的婚姻即將告終，如何協助消費者和平結束兩人的關係，甚至能帶來破鏡重圓的機會，都成了這個世代的新商機。但相較於愛情的本質，婚姻有更強的束縛力跟現實因素，同樣地，對離婚來說，必須考量的不只是愛情的消失，而是經濟、人際與生活等複雜因素的加疊而成，所造成的影響也比情侶分手來得更為深遠。

在這裡我分析出七種能夠在這個「 一言不合就離婚 」的時代，所找到品牌的新商機，包含：

一、陪伴角色的建立

二、溝通方式的轉化

三、法律及談判的支援

四、內在自我的探索

五、重建關係的幫助

六、迷茫未來的探索

七、重新開始的鑰匙

當品牌能幫助消費者在可能發生離婚甚至到離婚後的身心復原均能有所助益時，不但能為品牌帶來收益，甚至從社會責任來的角度來看，也可能對降低離婚率、及未來的生活重建上，帶來更正面的幫助。

## #陪伴角色的建立

在社會變遷下，品牌對於離婚的觀點，通常不會站在鼓勵的角度，但是幫助離婚的夫妻甚至是兒女能更順利走出負面陰霾，其實是一件好事。以 IKEA 的廣告為例，劇情中小男孩跟著離婚的父親，來到新家看到家中的家具布置，都跟過去一模一樣時，心中的不安和害怕或許因此就能多少降低一些。畢竟父母離婚已成事實，這樣的訴求對於小孩來說，確實能減低孩子面對陌生環境的負面情緒產生。

## #溝通方式的轉化

離婚對當事人夫妻以及子女來說，常常是重大的打擊，伴隨而來的影響及傷害，甚至會影響人一生的價值觀與看待愛情的態度。如何讓父母婚姻關係的結束對孩子的衝擊降到最低，甚至能與家庭健全的孩子得到一樣的幸福，也是很多離婚夫妻的重要課題。

從正面角度來看待再婚家庭的品牌，像是美國全麥餅乾品牌Honey Maid，則是從小孩的觀點，闡述自己已經接受父母親離婚又各自再婚，對於自己同時擁有兩個家庭的照顧，反而覺得得到了更多。

從現實層面來說，離婚對原本的雙方來說可能是從一段不健康的負面關係中解脫，而再婚則可能是各自展開健康的新生活，當無辜的小孩仍是父母的心頭肉時，品牌微電影透過這樣的角度也提醒了離異的夫妻，雙方一起照顧孩子的重要性。

## #法律及談判的支援

根據中華民國「民法」規定，離婚又分為「協議離婚（兩願離婚）」和「判決離婚」兩種，協議離婚是以書面與有兩人以上證人簽名，最後由兩人一同到戶政機關登記，程序是在夫妻雙方在同意離婚的狀態下，經過協議並談妥各項條件，包含夫妻財產、子女監護及探視權等，將共識記載於離婚協議書內，經雙方簽署同意，即可完成離婚手續。因此對期間的談判及法律協助，有相關經驗的律師更能幫助當事人爭取相關權益。

判決離婚則是當夫妻中的某一方要離婚，而另一方不願意時，欲求離婚的一方必須向法院請求判決離婚。經由法院的調停和解達成離婚協議，則婚姻關係即不存在，不去戶政單位辦理變更也沒有關係，戶政事務所將依法院寄發的判決通知逕行辦理。在法律規範中也列出關於判決離婚，已婚者凡有下列情形之一者，他方得向法院請求離婚：

1. 重婚罪。
2. 與人通姦者。
3. 夫妻之一方受他方不堪同居之虐待者。
4. 夫妻之一方對於他方之直系尊親屬行為虐待，或受他方之直系尊親屬之虐待，致不堪為共同生活者。
5. 夫妻之一方以惡意遺棄他方在繼續狀態中者。
6. 夫妻之一方企圖殺害他方者。
7. 有不治之惡疾者。
8. 有重大不治之精神病患者。
9. 有生死不明逾三年者。
10. 被處三年以上徒刑或因犯不名譽之罪被處徒刑者。

## #內在自我的探索

離婚可能使人找回個人的自信與價值，也可能重新獲得自我肯定並擁有自己的時間，雖然會造成一定的傷害，但也會帶來個人的成長。因此當品牌能夠幫助離婚的人重新進行內在的探索，像是透過瑜珈運動、心靈課程與宗教活動找到自我，不但能帶動品牌的消費機會，也能夠讓受傷的靈魂得到安慰。另外也有不少人一直未能走出原生家庭的負面影響，因此當自己也面臨了離婚的挑戰時，更需要相關的心理治療與照護，才能在下一段愛情中重獲新生。

## #重建關係的幫助

韓國牙膏品牌 Dentiste 在廣告中運用的創意是，男女在即將離婚前 30 天，相約好好相處告別，但沒想到在這段過程中，彼此反而找回了愛情的感覺，因為每一次接吻，而讓彼此更靠近。這時品牌角色不但扮演了兩人之間的橋樑，劇情的呈現也讓不少面臨離婚問題的夫妻能夠反思，甚至可能因此拯救了一段婚姻。畢竟能夠幫助消費者在離婚前審慎思考，如何找回曾有的愛情，也是對社會正向的幫助。

## #迷茫未來的探索

離婚後除了接受事實外，適應不同於過去的生活也不容易，尤其是離婚後的單親人士，還必須肩負照顧子女的責任，在生活和經濟的壓力下，可能需要更多的支持與幫助。其實不論是父親還是母親，獨自一人照顧小孩是比雙親家庭更辛苦一些。若是過去在家庭生活中較依賴對方的經濟照顧，卻不得不離婚時，就會更希望能抓緊救命的浮木。因此品牌可以特別在這個時候，提供包含失婚婦女的工作及創業機會，或提供貸款協助其度過難關，都是與消費者達到雙贏的機會。

## #重新開始的鑰匙

另外也有家具品牌 Hogar & Deco 曾推出能一分為二的家具，甚至是在廣告訴求中讓消費者知道，若是真的想步入下一段婚姻時，也可以將原有的家具拆解重新組合，就能重新開始，只是我們無法得知，這種以離婚分手為前提訴求的家具，會有多少人想買？不過多數離婚的人確實還是對於重新開始的愛情有所嚮往，至於是否急於再次投入婚姻的束縛，那可就不一定了。

# 再續前緣

## #等待的原因

「20 年來電話號碼都沒換，為了等一個人。」

男女分手後仍然保持聯絡，這事對很多人來說，心中看法兩極。儘管我們的愛情就算不是一帆風順，但是能在經歷分手、結婚再離婚之後，最終還能選擇與過去曾經的愛人再續前緣、重新出發，這樣的戀情，其實少之又少，因為多數人分手的原因，都很難在短時間內改變，但要想在經歷漫長的時空變化後重新復合，那得有多麼難得的機緣？不但原有的問題得消失，還得雙方擁有強烈的思念及共同的復合意願才有可能實現。

當我們沒有新的交往對象時，前任情人的出現總讓人意亂情迷，如果對方像以前一樣持續關心、噓寒問暖，我們難免會揣想，若是重新開始兩人的關係是否能比之前經營得更好？當然也有人可能思及兩人分手時的尷尬衝突，馬上決定保持距離，甚至斷開聯繫。

雖然有人在分手時歷經了衝突和不快，雙方在衝動下選擇分手，可是當冷靜下來卻發現，不捨相處時的美好時光，盼望能有機會再續前緣，這樣的期待背後往往是因為過往的相處還是美好居多，也使兩人的戀情更值得懷念。

是否接受前任提出的復合，每個人的接受度有著極大的差異，像不少人就是那種「 絕不回頭 」的個性，在愛情中只能往前不能後退。要是分手了就立刻刪好友、斷聯繫，甚至有人將分手或離婚的對象視為拒絕往來戶，連帶共同的好友、回憶都一掃而空。

但是也有人個性比較念舊，會念在對方過去對自己的好，珍惜的保留點點滴滴的美好時光，甚至能當普通朋友正常相處。尤其是每一段在愛情結束時多半會帶來後遺症，能不能面對並放下，也是戀情是否能再續前緣的重要因素。

## #重新開始的契機

和平分手的愛情，通常背後都有一些迫不得已的原因，像是原本其中一方的家長反對，但是可能因為時空背景的改變，家長的心態有了改變了或是人已不在，這時兩人間的阻力消失，就有可能重新走在一起。另外還有個人的人生階段目標有所改變，像是有的人為了能闖出一番事業，暫時不願走入婚姻，因此雙方在共識下決定分手，過了幾年後事業達到目標，在合適的時間又與對方重逢，就可能攜手走進婚姻的里程碑。

有時夫妻再續前緣的契機，也可能來自子女的影響。當原本的情侶兩人因為負氣爭執，甚至一時衝動而分手時，若此時突然發現有了愛的結晶，可能是讓兩人重新思考繼續走下去的機會；甚至也有已經離婚，覺得兩人已無法繼續，卻因一起照顧小孩，生活重新連結，反而願意給彼此再一次機會。

然而，破鏡重圓有時也會在一些不適當的時刻發生，像是原本分開後雖然還是掛念對方，但一方受限於長輩或經濟壓力下，又同意了新的戀情甚至走入婚姻，這時若是真的再續前緣，反而就變成介入對方婚姻的小三了。

品牌也很喜歡用再續前緣的議題來作為行銷主軸，像是 YAMAHA CUXi 的廣告就是以遇到舊愛為話題，並且藉由各種有趣的互動過程，讓消費者觀影時感覺男女主角好像有機會成功逆襲！雖然最後的結果還是祝福彼此幸福，但是從場景到與產品相關的元素，都能恰當的融入生活感，也讓那些對舊愛還抱持希望的人，感覺找到了幫手。

另外也有不少影視作品會將男女主角設定為經歷重重困難後，女生容貌成了閉月羞花，男生事業有成，也讓原本受阻的戀情再續前緣，這時品牌會也會選擇這樣的螢幕 CP 擔任代言人，不但能引發話題，還能使消費者產生投射行為。

# chapter 7

# 遠方的思念

1. 遠距離愛情

2. 異國愛情

# 遠距離愛情

## #不得已的離別

國內的成年男性，許多人都會經歷一段因為服兵役而發生的遠距愛情故事，尤其大多數的男生都是在大學或研究所畢業後，就要履行國家義務，這時正是愛情最美好又稚嫩的時期，許多的愛情就在此時面臨考驗，因為女生多半在這時順利與社會職場接軌，生活的變化也讓愛情增添了風險。在空間與時間距離的雙重考驗下，對愛情最大的衝擊其實是「 分離感 」，尤其是希望能 **24h** 膩在一起的年輕情侶，更是對於分離的感受更加強烈。

在筆者服兵役的年代，義務役多半是一年到兩年，但當兵時的壓力和痛苦，卻可能遠超過另一半的日常生活，這時如果戀愛對象是真正的職業軍人，兩人對這樣的孤獨感和焦慮都要有更大的包容及適應能力。在遠距離愛情的過程中，雙方會藉由更多的溝通互動，來彌補無法見面相處的遺憾，但是像當兵或是工作排班，並不是一方想念對方，想拿起電話就能馬上打過去，就算社群軟體再怎麼發達，中間一定還是有無法聯繫的時候。

有時候因學習、工作甚至是異國戀情，遠距離愛情總讓人多了一份關心又擔心的特殊情感，當情侶彼此因遠距離相處而帶來的不確定感提高，不但會更珍惜彼此能相見的時光，卻也在分別時產生更多的不安，甚至引發爭執。像是外派到遠方的情侶，可能會因為相約結婚的時間一再延宕，甚至使兩人關係生變。但若是保家衛國的職業軍人，持續要在軍職上有所發展，另一半勢必得接受長期遠距戀愛的現實。

## #距離與時間的考驗

對於無法聯繫上對方，常常是遠距戀愛最讓人困擾甚至生氣的原因之一，當我們遠距離戀愛時，會因為彼此無法見面確認彼此的心意而感到不安，若是持續失聯，更可能產生憤怒焦慮等負面情緒。雖然說數位時代不一定得打電話見面才能聯繫，但有時使用語音或文字訊息也可能因為雙方的解讀不同而產生誤會，或是在意誰主動聯繫，而導致爭執不快。

有時遠距離愛情的考驗之一就是期限，有的人可能每周能見上一面，有的則甚至要等幾個月，但這樣的情況得持續多久，就成了兩個人之間能否繼續下去的課題。每個人適應遠距戀情的時間頻率各有不同，有的人覺得只要沒住在一起，一周只能見一次面就是遠距戀愛，有的人台北高雄兩地分隔，一兩個月才見一次面也不會感到不安，若是網戀或是異國戀情，更有可能因為某些原因，需要數月甚至一年以上才能見面。

通常能適應遠距戀情的人往往在愛情中也能培養出更多的獨立與信任，也能更具彈性的安排戀愛以外的時間，雙方見面時也更能珍惜彼此的相處機會。其實遠距戀情對一些人來說，尤其是那種害怕過於黏人的關係時，反而能使愛情走得更長更久，因為每次見面都彌足珍貴，而這樣的愛情即便走進婚姻也能繼續維持，像是職業軍人、船員等屬性的工作。有趣的是，也有不少希望另一半不要黏太緊的人，希望藉此保持自己的愛情的新鮮感，也能有更多的時間精力去做自己想做的事情。

## #網路造成的距離

網際網路的發達造就了另類戀愛模式，那就是——「網路戀愛」，透過文字、貼圖、影音等方式，與彼端的他人搭起認識的橋樑，甚至發展出戀愛關係，也是屬於遠距離戀愛的一種。透過螢幕，無須和真人面對面，這對某些人來說，更能暢所欲言的表達自己的想法；也因此戀愛中的彼此容易在距離的催化下，對戀情產生出想像中的美好，存在著更大的憧憬。

但網路戀愛之最令人疑慮的，正是因缺乏實際的接觸所衍生出的一些負面問題。虛擬世界中的對方，單就相片、文字、表情貼圖，即便加入視訊的輔助，也難保能顯出真實的全貌。有人因為網路戀愛而找到了理想的伴侶，但也有人因網路戀愛而遭受欺騙、感情傷害、金錢糾紛。從虛擬的網路世界逐漸轉變到真實的交往，才更能了解對方，發展出信任、誠實的情境，這也不失為一種尋求真愛的途徑。

有不少社會議題都是關於「 網路奔現 」後的落差，像是因修圖過度而在看到本人時覺得差異太大而不願相認，也有見面後就要開房間發生關係，結果對方未成年。對於品牌行銷來說，若是真遇上了網戀，不論是從自我提醒，到確認對方的真實狀況，或是雖然對象的條件不夠理想但兩人真心相愛，品牌一旦得以能幫助消費者在奔現前使自己的外貌更有吸引力，這些都是有效的切入點，不過要是網戀的對象本就是男生偽裝成女生，在奔現後遭揭穿被拒，那這種狀況品牌也是回天乏術了。

必須提醒的是，面對遠距離戀情，關係維繫更需要小心安全。像是當雙方有性愛需求時，即便關係再親密也要對視訊形式的性愛，或其他留有紀錄的親密互動更加謹慎；特別是網戀時雙方還沒有見過對方本人，兩人的互動都是以數位通訊方式進行時，千萬別讓自以為的浪漫愛情成了悲劇。近年來也有不少因通訊紀錄，或私密影片外流的社會事件，畢竟遇上了帶有惡意的對象或是影片不慎遭人取得，那就成了一場災難。

## #情緒的調節

其實，當我們與另一半的戀情必須遠距進行時，再寂寞也只能自己一個人度過，就算有家人朋友在身邊，也無法取代愛情的需求。這時個人的情緒自我調節就顯得相當重要，若是其中一方持續傳遞不安甚至不滿的情緒，在另一方能感受到的同時，勢必也會擔心這段愛情是否走得下去；唯有遠距離愛情中的雙方，能具備更強大的心理素質，才能克服兩人分隔兩地所連帶產生的心理及情緒問題。

其實也有人是十分享受遠距離愛情的，例如習慣自己一個人獨處，但也願意談戀愛的人，這樣的人一旦感到過多的時間必須跟對方膩在一起，反而容易發生不愉快，甚至戀情無法繼續；但如果是遠距離戀情，反而更有助於這樣的人適度維持剛好的愛情關係。所以不少品牌就會從這方面來著手，幫助身處在遠距愛情中的戀人有更好的溝通機會，像是不論講電話、傳短訊還是新科技的應用，甚至是讓對方一個人時，不會感覺那麼寂寞，這些都是行銷人的切入機會。

當戀愛中的兩個人不能時常見面時，如何維繫彼此的關係與聯繫，就成了品牌的重要機會，就像疫情期間很多學生情侶被迫分隔兩地，透過通話、視訊、留言等方式，也就成了社交軟體最重要的功能。但是難免會有無法及時回應、或是一段時間後才注意到對方訊息的時候，這時品牌若能在提供聯繫管道之外，還能適時協助安撫雙方情緒，那就更能讓人感到放心。

之前就有社群品牌，在發生地震或重大災難時，會發起一項機制，讓事件發生所在地的人可以報平安，對於一時聯繫不上對方又擔心不知情況的人來說，至少可以透過這樣的方式來獲得資訊。

另外也有品牌如荷蘭航空 KLM，設計了一則感人的行銷影片，針對要到遠地工作讀書的遊子，在他們出發前讓親友愛人將自己的留言寫下，做成飛機上的襯墊，陪伴即將遠行的親友一起前往異地，在思念家鄉時睹物思人。另外冰淇淋品牌哈根達斯（Haagen-Dazs），微電影則是以遠距離戀愛為題，戀愛的兩人雖然必須遠距相處，但是每次吃到對方事先準備的冰淇淋，甜蜜的幸福感就會回來，也讓兩人的遠距愛情不再遙遠。

# 異國愛情

## #來自外國的你／妳

自從疫情影響全球，有段時間我們身邊少了許多外籍友人，除了觀光客外也，包含外籍學生、工作者，甚至是準備來台發展的商務人士，都受到疫情影響減少來台，但是在目前疫情趨緩、即將開放國門的情況，外國人入境應該會有逐漸回溫的趨勢。早一步增多的外國面孔，則是在台長期定居的工作人士，以及與在地人成家的新住民和子女，出入境人數都已經開始逐漸提升。

其實近年來已經因國際文化的認同及接受度提升，國人與新住民的融合程度可說是越來越高，更重要的是，新住民因收入與組成型態的改變，也較以往有更高的消費能力。

受到全球化及國際交流的影響，我們身邊的異國愛情與婚姻變得相當普及，從內政部移民署 2022 年的資料來看，台灣的外籍配偶與大陸（含港澳）配偶人數達 576,893 人，其中外籍新娘的比例則是高於外籍夫婿的三到四倍。另外，根據內政部 2022 年統計資料顯示，國內 2021 年結婚對數中，一方為外籍與大陸、港澳地區人民者計 8,167 人占 7.13%，雖然當年深受疫情影響，但仍有不少人勇敢走入婚姻。

從早期外籍人士及外籍配偶為了能改善經濟狀況而進入國內工作生活，到現在包含歐美及日籍的專業人士，為愛而成為我們的一分子，這些台灣媳婦／女婿除了擁有專業技術，更可能也具備不錯的經濟能力，另外，新住民二代也都已經有比以往更好的生活條件。教育部統計 109 學年各級學校，新住民子女學生人數合計共 30.5 萬人，可見異國愛情的影響已經進入了二代甚至三代，也成為了龐大的商機。

## #異國愛情一直都在

事實上，台灣的異國愛情淵源長久，從日據時代日本人與台灣人的戀愛故事，例如有名的電影《海角七號》，帶出了大時代的悲劇和愛情的珍貴，另外《賽德克巴萊》則是從身份認同與原住民和日本人之異國婚姻的角度，帶出另一種愛情的忠貞。

也正因為兩岸政治問題的關係，所以大陸（含港澳）配偶，也是屬於異國愛情的一部分。其實在愛情裡國籍不一定是最大的阻礙，甚至很多新住民與新移民是因為愛情，而成為我們的一分子，一起在這片土地上努力生活。

世界交流的時代，國人到外國留學移民或是短期工作的機會大幅增加，同時外籍人士到國內學習與工作的機會也提升許多，即便因為疫情有所衝擊，但隨著各國邊境開放後，又逐漸回復原有的關係。

在傳播媒體及電視節目的議題中，像是 GTV 八大電視的《WTO 姐妹會》、東森超視的《2 分之一強》及三立電視台的《我們一家人》，都可以看見許多外籍人士的分享交流，也有不少異國戀人，是透過社群媒體來分享自己來到台灣的生活與觀察。另外近 10 餘年來，不少大學為了招生，吸引外籍學生到台灣獲得學位，在自由戀愛的風氣下，異國愛情在校園中也越來越常見。

面對異地生活型態上的改變，不少外籍人士也很融入台灣環境，像是在捷運上越來越常遇到日籍媽媽帶著小孩到台菜餐廳用餐，或是一群新住民二代在夜市輕鬆逛街，以及在網美打卡的花季，許多擅長拍照的外籍工作者出沒，也讓節慶氣氛更溫暖。

但是在愛情的道路上，異國戀人需要面對的包含國籍、語言、文化、信仰、雙方家庭及未來工作發展等面向，都有很多需要克服的地方，就像有的外籍人士在原來的國家，可能從事高知識或高技術的工作，但是在台灣有可能相關產業並不發達，甚至是需要具備相關證照才能從事工作，這時愛情與麵包的問題要如何一起克服，也成了重要的課題。

## #溝通上的難關

有很多時候生活中的許多元素，也成為了異國愛情的挑戰，像是對節慶儀式的文化觀念差異，不同信仰背後對愛情與婚姻的看法不同，若是雙方一直無法達成共識，那愛情這條路可能會越走越辛苦。而另一個挑戰是畢竟對方也有自己的國家，一定會有需要回去探親或生活的考量，甚至是希望回到出生國結婚的期望，這時異國戀人彼此之間都必須有更多的溝通和妥協，更需要雙方對愛情的高度堅持。

身在異鄉總容易感到寂寞，因此除了兩人的愛情外，讓異國愛人融入自己的在地生活也很重要，也可以藉由透過更多的社交行為，觀察彼此適不適合繼續交往下去，同時思考自己對於異國戀情的包容與接受度。我也觀察到不少曾經交往過異國對象的人，分手後還是選擇跟外國人交往，原因還是來自於對異國戀情的滿足感。

另外，不少異國戀情若是希望步入婚姻，仍須詳加了解本地的法律相關規範，因此在尚未登記結婚前，有不少繁瑣的流程或是生活的考量，也都對異國戀情造成壓力。

有些人經合法管道以仲介媒合的方式，透過視訊與異國對象交友配對、聯誼相親，這時在過程中就會面臨遠距離交往與戀愛的階段，同時建立愛情關係的方式也必須受到更多的考驗檢視。不過回歸愛情的本質，即便是「 先結婚再戀愛 」，只要兩情相悅並且真心相待，也仍然是值得祝福的。

## #從愛情中尋找商機

有趣的是，近年的異國戀情，越來越多人是因為外國人士到台灣發展時，遇到了合適的對象，但是因為在台灣多半需要用國語溝通，所以不少異國戀情初期時，情侶中的台灣人反而不見得會講外語，或外語能力有限，但是來到台灣的異國情人中文程度就相當不錯。不過畢竟在交往之後，兩人還是有很多需要溝通互動的地方，這時就會出現更多語言學習的需求。

語言的溝通是異國戀情中的挑戰之一，因此像是語言學習機構，或是線上教育平台也可以針對包含已經交往的異國伴侶或是希望能擁有異國戀情的人，提供提升自己與對方語言能力的方案，也更能了解不同國家的文化和特色，達到理想學習與溝通的效果。除此之外，對於一般的國人來說，能夠面對專業外師並與其他異國同學一起學習的環境，更生活化的學習外語，也是相當不錯的教學體驗。

我們也能發現，有些品牌餐廳雖然以異國特色料理作為餐飲訴求，但風味或品牌形象卻無法吸引新住民及異國情人的青睞。有次上課我正好問到新二代喜歡去的越式及泰式餐廳時，所得到的答案與一般人的認知完全不同。進一步詢問後才知道，有的異國餐廳料理根本不夠道地，與當地的風味和做法完全不同，也讓新住民覺得自己的文化不夠被尊重。或許餐廳本身想滿足的只是愛嚐鮮的國人，並非當地的外籍人士，這時就必須思考，一旦有更多新住民將成為消費主力時，怎麼做才能更符合市場需求。

## #更多的良性交流

異國愛情的外籍伴侶在來台初期，對台灣環境相對感到陌生，在有了愛情的陪伴後，也能越來越適應當地的風俗文化，甚至能發展出自己的生活型態，但此時也可能因此產生希望探索不同愛情的機會，尤其是當雙方尚未走入婚姻階段，這時對原本的伴侶也可能會產生擔心及發生爭執。但畢竟愛情中的你情我願還是很重要的，若是外籍伴侶仍然想尋找真愛，放手也是不得已的選擇。這時品牌若能提供，不論是讓希望能擁有異國戀情的人，找到合適另一半的機會，還是在台灣的外國人也能有機會尋找到真愛，合適的媒介平台與商品服務，都是不錯的行銷方向。另外還有一些異國戀人，可能因為與情人交往的過程中出現問題，而需要協助諮詢協助時，品牌的服務同樣可以成為消費者無助時的陪伴。

也有一些餐廳或機構，會透過舉辦交友聯誼，來增進嚮往異國戀情的朋友更多的媒合機會。至於異國戀情能否走入婚姻，雙方的家庭看待對方國家文化的方式也是考量原因，對於交往的兩個人來說，如何讓對方的家人也能理解並接受異國文化，需要費上一番苦心。這時品牌廣告訴求也能從這切入，藉由發現異國戀情中可能發生的認知偏差，或是對特定文化的不了解而產生誤會，進而幫助化解並提供正確資訊，使異國戀人對品牌關注到自身的需求而產生更多的好感。

不論是透過電商、實體消費等方式，新住民也在擁有更好的經濟能力後，願意在國內有更多的消費機會，但不論是強化我們自己的文化認知，或是更願意提供理想的服務產品，來滿足新住民與外籍人士在國內的需求，更進一步了解其文化是必要條件。

以品牌訴求來說，像是明通治痛丹就曾以台灣的漁工及外籍配偶為題，因為漁工長期跑船停泊地之一便是印尼，所以不少相關工作人士都是迎娶印尼配偶，同時也因為越南配偶在國內新住民的比例相當高，所以當廣告呈現出漁工因工作頭痛，新住民妻子使用品牌產品幫助丈夫緩解不適時，不但凸顯了異國愛情的特色，也達成了品牌消費者的精準溝通。

## #用愛情做為創業的支持

就像有不少越南配偶會運用自己的專長，開設越南料理餐廳，來吸引消費者上門品嘗，而最近也越來越多像是中東或歐洲的配偶，也會以自己的家鄉味為賣點，推出包含零食甜點、商業套餐，甚至吃到飽等餐飲形式的服務，不但能讓夫妻一起努力謀生，也能將自身的異國愛情故事，透過食物甚至大眾媒體的報導，而讓更多人知道。不少新住民透過家鄉的味道、特殊的工藝與服務，以及多語言和跨文化的優勢，讓疫情這段期間不能出國的人，能品嚐到正宗的異國風情。

在異國愛情中，因為國籍的不同、外貌的差異和文化的陌生，戀人雙方在交往初期多了許多探索的過程與樂趣，也有一些異國戀情侶會透過拍攝影片，或是經營社群媒體等方式，來分享不同文化的差異，以及愛情相處中彼此適應的心路歷程。像是法國男友與台灣女友，在個人興趣與性愛觀念上的觀念不同，或是日本妻子與台灣丈夫一起品嘗在地美食，再互相分享和自己國家的料理方式不同的心得。

# chapter 8

# 失去平衡的關係

1. 危險情人

2. 騷擾

3. 海王海后

4. 愛情苦行者

# 危險情人

## #越來越容易遇到

在愛情中遇上危險情人的機率有多高？根據衛福部 2021 年統計顯示，家庭暴力事件通報被害人有 11.9 萬人，相較於 2020 年，一年增加了 4151 人，年增 3.6%。若與 2019 年相較，通報件數更是多了 1.5 萬件，被害人增加 2.5 萬人，創歷史新高。

而且儘管女性家暴被害人仍是多數，但同時兩性的受害占比卻越來越接近，差距也從35.4%縮減至28.6%。進一步分析來看，家暴案件類型以「婚姻、離婚或同居關係暴力」占 45.1% 居多、被害人達 5.3 萬人，其次為「兒少保護」及「卑親屬虐待尊親屬」。

危險情人的範圍包含情人伴侶、婚姻對象以及前男女朋友及前夫前妻，而當中有暴力關係的像是在交往與婚姻期間，受到對方語言、精神、情緒、肢體及其他形式的傷害。而且我們可以發現，危險情人的過激行為，並非一次就會結束，很可能是越來越嚴重或傷害的形式增加，像是從本來的口頭辱罵變成了推擠碰撞，或是原本搶走對方的手機是想查看私密訊息，結果卻變成了威脅對方若不交出手機就傷害對方甚至家人。

我們其實不太容易在交往的初期就識別出對方是不是危險情人，甚至有不少人是在交往甚至婚後才展露出危險的一面，也有人是本來的原生家庭或個人性格就有跡象，只是在愛情關係中因特定原因而被激發出來。另外，有的危險情人則是試圖運用心理控制的方式，來操弄甚至剝削愛情對象，像是先過度示愛再用充滿負面的情緒批評對方，或是表現出強烈的占有及保護行為，但當對方未能達到自己的滿足或目的時，就以分手、失望甚至是自我羞辱等方式脅迫，以達到對方的退讓及妥協。

## #負面的影響

遇到這類危險情人時，身為學生可能因此學業及人際關係大受影響，更可能導致親子之間的衝突矛盾，即使是出了社會的成年人，有時為維繫這樣的愛情關係，也會為對方付出難以負荷的時間精力與金錢；更嚴重的還會因此產生心理問題，像是焦慮、躁鬱與孤寂感，就算旁人明明發現問題並予以提醒勸告，但深陷其中的人卻無法自拔。

在愛情關係中較為特殊的危險情人，是具有特殊性愛癖好的人，雖然愛情中性愛必須你情我願，但是有人會刻意引導雙方發生危險性愛，而每隔一段時間我們也會看到，媒體上發布對方不再繼續同意危險性愛而導致失手傷人的社會案件。這些人可能以愛情的承諾威脅，在性愛過程中做出強制脅迫、限制自由、言語羞辱、肢體攻擊與強拍性愛影片等惡行。受害方一開始雖然可能抗拒，但是對方在愛情關係中的其他時間又很正常，直到當自己拒絕危險性愛時卻開始遭到強迫，才發現對方的問題。

## #帶有犯罪意圖

除了行為上的危險情人，帶有犯罪意圖的詐騙者也是其中的一種類型。根據刑事局統計，2021 年詐騙案件總數高達 2.5 萬件，詐騙總金額高達 50 億元，分析 165 反詐騙專線的統計資料，遇到網路交友愛情詐騙的比率提高，以使用交友軟體 APP 受騙占多數，像是雙方聯繫後用甜言蜜語哄騙，等交往後請對方購買遊戲點數當現金，最後卻落得人財兩失。這種危險情人本身就存在犯罪動機，但是在渴望愛情的人面前，卻因抱著一絲交往脫單的希望，反而未能看清楚對方的真面目。

有些時候我們身邊會有那種對愛情玩世不恭，憑藉口才技巧，總能讓人上鉤又到處灑網留情的「 海王海后 」，也有那種明明長相平淡無奇，卻總是有人甘心為他／她付出，甚至愛得死去活來的那些人。但若只是你情我願的愛情也就罷了，可是若提到這個人可能用了 PUA，那可能就不一定愛，更可能是另外一個層面的問題了。

PUA（Pick Up Artist）直譯為「搭訕藝術家」、「把妹達人」，原本只是用來讓社交技巧較差或是對愛情有所困擾的人學習如何成功的搭訕喜歡的人的方式，但現在卻常跟「精神控制」或是「情緒勒索」產生關聯，彷彿成了以操控、詭計等方式，來達到強迫對方接受感情，甚至發生關係的負面詞彙，最有名的例子就是煤氣燈效應（Gaslighting）。

而在愛情關係中，也常常因為有心人士過度運用PUA，把愛情的對象當作「獵物」，而非真正想跟對方交往，或是想要一個能容易掌控的「寵物」，藉此滿足個人的慾望和掌控心態，也讓不知情的對象因此成為了愛情中的受害者。

其實，找不到另一半時，透過學習使用一些合理的社交技巧來吸引異性本來無可厚非，但要是出發點就有問題，摻雜了欺騙和傷害的行為時，不論是男生還是女生都要小心，別讓自己被利用了。

## #從一開始就不誠實

要識別對方是否運用操控的方式，來掌握愛情關係時，很重要的關鍵在於——對方是否有不合理的佔有慾，像是刻意禁止對方與其他朋友的正常往來，或是過度嫉妒另一半的其他異性關係，甚至可能怒罵威脅。當雙方關係開始出現問題時，卻又用極度的體貼和無助痛苦的表現示弱。在經過反覆操作後讓對方逐漸被孤立，也慢慢失去了向外求救的機會。

因此，要如何識別正在追求我們或是交往的對象，究竟是真的想建立長久的親密關係，還是操縱情感達到其背後的目的，接下來我們就來聊聊，五個常見的 PUA 負面行為：

一、偽裝成「 高富帥 」、「 白富美 」的形象

二、閃躲揭露兩人的交往關係

三、紀錄兩人的私密影片

四、讓對方情緒崩潰失去理性

五、肢體或是性的暴力行為

六、不正常的金錢索取

其中像是偽裝成「 高富帥 」、「 白富美 」的假面形象，本身就存在了嚴重的欺騙動機，但是有些時候愛情是盲目的，除非我們針對交往對象都展開身家調查，或是自己閱人無數、一看就知虛實，不然，刻意的偽裝就是為了後面的陰謀而表現出來的。閃躲揭露兩人的交往關係通常都會以自己重視隱私等話術來包裝，但是若都交往了一段時間，別說是一起合照或是公開出沒，甚至連對方的生活及朋友家人都沒見過，那這時也需小心，畢竟正常的愛情關係也是一種社交，不應該只有兩人與外界隔絕，一直逃避現實。

## #別讓自己成為受害者

惡意性愛也是一種常常被 PUA 利用操弄的關係模式，像是刻意選擇外貌不是這麼出眾的對象交往，先刻意用美言讓對方感到安慰，但目的在索求性愛的發生，而在性愛的進行過程中又刻意貶低對方，讓人感到精神錯亂；事後又表達為了滿足對方，自己有多委曲辛苦，直到被 PUA 的一方為了能夠得到對方的肯定，甚至主動

提出記錄性愛過程的建議，讓人一步步在性愛的過程中落入陷阱。

當使用 PUA 技巧的人試圖掌控我們的愛情和內心時，會使用一些手段，把愛情中的小事放大，並刻意扭曲是非，讓我們一切都得都是自己的錯，並經常詢問伴侶的隱私資訊，檢閱手機或網路訊息並不斷提出質疑，像是身在何處、與誰共處，或想知道對方的所有對話內容，或是用不合理的方式溝通，並強硬要求對方配合，不然就開始爭吵，甚至扣上不忠的帽子。

更有甚者，刻意用比較的方式來貶抑對方，或故意透漏有條件更好的第三者，藉此引發嫉妒情緒，之後再故意指責對方的不信任，藉此打擊信心和尊嚴。當運用 PUA 的一方達到目的時，不但高度侵入干涉對方的想法生活，減少了對方與他人相處的機會，也為了減低自己目的被發現的可能性，甚至不惜讓對方中斷在學校／工作的正常日子。不論是用言語、肢體及性愛等方式不當的控制影響，甚至是金錢的索討，都造成 PUA 受害者的身心靈嚴重受創。

## #更多的警惕

很多時候，天上掉下來的不是禮物，而是飛機上的排泄物。突然有帥哥美女示愛，用不合理的金錢攻勢與柔情技巧誘人上鉤，一旦開始交往後又常常用言語行為來打壓對方的自信，甚至開始偷拍或是金錢索求，導致造成被害者身心嚴重傷害；要如何事先防備及在遇到時該如何全身而退，就需要一些小技巧了！

識別出有問題的對象，最首要的就是在進入愛情之前，先健全自己的心智，也就是先愛自己。當對方越刻意想說服並影響我們，但是這件事情本身是有問題且值得懷疑時，對方就會用更大量的資訊來混淆，是試圖掩蓋事情的「 真相 」。而從品牌的行銷角度，可以適時提供幫助消費者有智慧地去思考，並提醒我們哪些行為可能是危險情人及 PUA 的訊號。

例如燈具品牌可以從看清真相的角度來發揮，當燈光昏暗時看不清對方的真相，就容易掉入陷阱，這時藉由揭露危險情人的類型或惡意 PUA 的行為，放在暗處先讓消費者了解，再透過「 開燈 」的動作讓這些不肖分子無所遁形。而當品牌運用這樣的行銷訴求時，不但凸顯出社會的關鍵議題，也導引出品牌的正面形象，塑造了品牌的智者角色。

還有像是健身房、自我防身等鍛鍊品牌，也會以增進自我保護能力為訴求，讓我們即便遇到了危險情人，不再那麼害怕對方的恐嚇行為。另外不少非營利組織也會針對危險情人的議題來溝通，並透過社會關注教育來提醒大眾，如何識別與遇到後的脫身方式，學習自我保護。

當然最終若是能有更多品牌對於這些議題產生關注，結合企業社會責任及品牌文化，當員工及消費者都能感受到品牌對社會議題的關注與投入時，也才能真正帶動降低危險情人作怪的機會。

# 騷擾

## #讓人困擾的感覺

因為分手引起的犯罪事件可說是不計其數，包含騷擾、言語及肢體暴力、竊盜縱火及破壞財務、非法拘禁、妨害性自主，甚至殺人。而前任情人復仇的對象包含了分手的一方、分手情人的現任男女朋友及家人；有時前任不一定有這樣的報復心態，但是若分手情人交往了新的男女朋友，也可能因對新任對象心生嫉妒而犯下罪行。還有的是追求未被接受的單戀，以及外遇卻由愛身恨的第三者等，都可能引發相關事件，在這容我先聊聊最基本的騷擾。

在兩人的關係中，雙方若無法達成共識，也就不算是真正的兩情相悅，若一方只是單戀但沒有超過界線，雙方可能還可和平共處，但若是因為求愛被拒愛不著，或分手後心有不甘，就可能發生

騷擾的狀況。另外有些社交技巧能不佳的追求者，被拒絕的可能性較高，也因為對愛情關係兩人間的相處缺乏足夠的知識技能，因此不懂自己已被拒絕還仍努力不懈。我們一開始不一定會感覺到對方的騷擾行為，但是一段時間後會發現，總有個人一直如影隨形，這可能發生在現實世界，也可能是發生在網路世界，對方總是會刻意讓我們發現。

就像追求者雖然出於愛慕，但是當被追求者無意接受且已表示拒絕，卻仍被持續追求，甚至產生了干擾日常生活作息的作為，例如一天傳 50 封簡訊、持續在住家樓下等人，導致對方心生困擾、憤怒及恐懼，這也是騷擾的行為表現。這時若能善加溝通，給予適當的提醒及告知，對方最終能夠理解接受，那就還好，但若明知兩人沒有機會，卻還妄想建立愛情關係，騷擾就可能出現了。

有些人是單純的執迷不悟，但因為兩人的生活重疊，像是同校同學、同公司同事，這時可能因為避免不了見面接觸，而被迫接收一些自己不想接受的訊息。像是女生拒絕了學弟的追求，但是每天上課時，教室抽屜仍會出現對方放的早餐，或是情侶分手後因為事業上的合作，無法封鎖對方，因此只要逮到機會，對方就會傳訊息詢問是否有復合機會。這樣的騷擾雖然沒有直接影響我們的生活作息或干涉人身自由，但是仍造成個人在心理層面上不太舒服。

## #必須處理得當

有的騷擾是在兩人的關係發生變化後才產生，像是原同事因對方離職，才開始意識到自己喜歡對方，但約了幾次見面都遭拒，因此導致無法接受關係可能結束。或是原本對前女友的閨蜜沒有情愫，在與前女友交往時並沒有產生意外火花，但在跟前任發生爭執時，常常與對方接觸，甚至請對方幫忙，結果與前女友真的分手後卻喜歡上她的閨蜜，但對方並沒有進一步發展的意願，這時若持續過度聯繫，也變成了一種騷擾行為。

還有的是愛情問題衍生出的騷擾者，像是前男友的現任女友，前妻的現任丈夫，當他們自己本身有問題，與另一半相處出現狀況時，卻歸罪於自己情人的前任男女朋友，將負面情緒轉移到騷擾無辜的對方前任身上。這樣的事件在社會上越來越常見，同時這種遷怒的騷擾者，常常也有一定程度的精神問題。更為嚴重的則是騷擾者由愛生恨，產生了想「 報復 」對方的心態，因為自己的追求失敗、被分手或離婚，導致面子掛不住，或是本來就有心理問題的，因失戀被激化得更嚴重，像是躁鬱症患者。

這樣的騷擾者通常自我認同較低，藉由貶低、攻擊對方來獲得滿足。而有意思的是，這樣的人在一般生活中並不見得會顯示異狀，只有在騷擾行為中才能看見他們有問題的一面。

而異常的行為表現，有可能因為我們一時沒有解決，或是處理的方式不理想，導致騷擾者越來越得寸進尺。例如原本我們只是封鎖對方的社群帳號，希望能降低被騷擾的機會，但是對方卻跑到自己的住家樓下等門；也有人被隔壁鄰居給愛上，雖然拒絕了但卻演變成：每天只要自己一出門，對方就衝出來打招呼甚至示愛，但是又怕對方對自己不利，也無法做進一步的處置。

騷擾者無法接受兩人現有的互動關係，單方面希望能改變現狀，就算對方無意接受，經過解釋也還是無法放下自己的執念；有時只是單純的言語及訊息騷擾，但是也可能出現干預對方行動或暴力行為，最終甚至可能產生性暴力。

會有騷擾行為的人，即便明知愛情關係已經結束，或對方明確表示對自己沒有興趣，卻仍然跨越界線去影響對方，或試圖侵犯操控支配關係。即使對方表達出反對，甚至是生氣憤怒的態度，騷擾者會選擇忽視或是視為一種打情罵俏，也可能因對方有所反應，反而更變本加厲。

## #設下處理的底線

當我們遇到愛情中的騷擾者時，常常會感到沮喪甚至痛苦，因為對方或許原本並不糟糕，兩人只是不愛或不適合，但當騷擾的言行引發我們的恐懼時，就要給自己設定底線。尤其當確認對方是危險情人時，更不能隨便心軟，以免對方認為彼此還有曖昧的空間，希望能回復發展更親密的關係。

有時我們為了避免與騷擾者發生衝突，會刻意改變自己的生活，像是換電話、搬家、離職等，但是當對方越來越激進時，逃避退讓反而使對方覺得，只要他能繼續下去，遲早會達到目的。這時就須表達堅定的立場，像是透過第三方給予勸告，並明確告知若繼續這樣的行為，可能造成的負面影響，甚至採取法律措施及報警，都是雖不得已但可自保的方式。

同樣對於品牌來說，讓消費者能擺脫被騷擾的行為，也是行銷商機的一環，像是我們可以理解為了想杜絕騷擾，有人在外用餐會希望選擇更隱密的包廂，若是業者能知道如何幫助消費者，就更能從服務的角度來提供協助。

還有品牌是針對網路安全提供防護，所以從行銷的面向則可強調隱私的保護，以及當有騷擾者刻意傳播不良訊息時，可以即時監控並適度防範。同樣的概念包含：若想在居家時避免騷擾者的窺視與入侵，採用更專業的住宅監視設備及防窺視玻璃貼紙，都是能幫助愛情中有這樣困擾的消費者之問題解決方案。

切記！雖然多數人不願意直接與對方撕破臉，但是當騷擾者實在太超過時，採取法律途徑解決是不得不的選擇。

# 海王海后

## #不願停下來

為什麼那些到處放電的海王海后這麼有市場？其實當我們與喜歡的人之間停留在曖昧的情況下，關係的不確定性雖然會造成不安，但卻多了點興奮刺激，比起穩定交往後出現的平靜，有人更害怕單調無趣的愛情。

同樣的，愛情關係中的雙方若是一直處於曖昧階段，不正式承認兩人的關係時，其實也很難說對方劈腿對不起自己。因此我們可以發現，不少懂玩的海王海后，會盡量避免自己落入一段真正穩定的關係之中，而又能跟每一個曖昧對象愉悅的相處一段時光，直到對方希望改變關係，或是自己想穩定下來。

但有趣的是，當海王海后自己想穩定下來時，卻也可能遭對方拒絕，因不再像交往時充滿刺激與驚喜，也可能害怕最後對方還是故態復萌，這時可能受的傷害越深。對於海王海后來說，維持曖昧關係除了能避免正式交往後的諸多問題外，也能獲取更多對方的關注與愛情資源。

像是條件很好的女生，追求者絡繹不絕，每到情人節就收到許多禮物，與每個追求者都維持曖昧的話，這樣並沒有太多的問題。同樣像男生可能高大帥氣，時不時就有學妹寫卡片或送禮物告白，但是人人只是維持曖昧互動時，就能讓學妹們感到「人人有機會，個個沒把握」。

在海王海后身上，我們其實可以發現不只是他們本身的特質，有些時候他們身邊的人也是讓這樣的愛情型態能被接受的原因之一；就像漂亮的女生因為追求者眾，不予拒絕給大家多個期待機會，又能讓人感到自身的優越感，甚至受到其他女性羨慕學習，自然對於海王海后來說，正面感受總大於負面觀感。

## #風險的存在

不過海王海后卻也可能因此惹禍上身。畢竟追求者若自以為有機會，在曖昧的互動中又付出了許多真心與時間金錢，最後卻發現是一場空時，可能湧現更多的不快，甚至上門索討求公道。尤其是自己戀愛次數越多、身經百戰，對分手或再交往看得輕鬆，可是難保對方能夠這麼輕易的放下，這時自己在愛情關係中的不對等感覺更為明顯，也可能因此產生一些報復、糾紛的風險。

其實，海王海后也不盡然是在玩弄愛情，只是更沉溺於交往過程當中的美好享受，即使也可能經歷不少痛苦挫折，卻能較易復原，也能很快地進入新的曖昧關係。也有人覺得跟海王海后交往其實是不壞的經驗，因為這群人更懂得享樂及討對方歡心，只是當這些情場老手希望愛情能定下來時，往往是無疾而終，除非他們遇到了真愛，自願停泊靠岸。

所以有的品牌採取較為開放的態度，能夠讓想成為海王海后的人增加自己的吸引力，並藉由品牌的幫助成為眾人的目光焦點，也有品牌則是將具知名度的海王海后選作代言人，雖然可能引發議題的論戰，卻也是讓自己希望能獲得肯定的消費者，透過品牌提升自己被肯定的機會。例如 AXE 香氛沐浴品牌，就很能善用提升消費者魅力，使成為眾人愛情注目的焦點，這也將海王海后的萬人迷形象發揮得淋漓盡致。

# 愛情苦行者

## #內在的苦難

並非所有人都追求甜蜜美好的愛情，有的人也享受痛苦且快樂的愛情過程，而這樣的人在乎的愛情不一定是大家都祝福的，可能對方已經結婚，自己願意委屈當小三；也可能對方是個性極端不喜歡與人相處，甚至是有危險暴力傾向的人。這樣的人我稱之為「 愛情苦行者 」，他們會容忍對方一切的負面問題和行為，並願意為獲得對方更多的愛，自願或強迫自己去滿足迎合對方，在努力的過程中承受著痛苦哀傷，在生理與心理上都承擔極大壓力；但只要對方給予一些回應，愛情苦行者就會感到自己的付出都是值得的。

在愛情中緊張刺激的情緒影響著雙方關係的維繫，甚至有人著迷於這種存在感，但是當另一半本身有相當的問題，或這段關係其實存在者不被眾人祝福的風險時，痛苦的感覺會越顯強烈，就算自己努力想控制這如同脫韁的野馬，最後卻只是遍體鱗傷。有時我們會試圖將對方從前一段戀情或失敗的人生中給拯救出來，希望能透過自己的力量扮演「救贖者」，而這樣的愛情關係本身就建立在不平等的天平上，一方可能覺得自己已精疲力竭卻還得不到回報，另一方卻可能還在自己的泥沼中苦苦掙扎。

當我們自己處在情緒不穩定、生活一團亂，甚至是經濟壓力大的當下，愛情不一定是好解藥，藉由愛情來填補自我的空虛、轉移注意力時，就算對方可能真的是不錯的人，也可能在持續承受負面情緒後，讓愛情逐漸走味。對另一人的依賴成為生活唯一重要的事，但這樣的聯結具有強迫性，若對方不再接受這樣的糾結，就可能導致雙方關係的結束。

當明知愛情已經出現問題，卻期望藉著視而不見或冷處理的方式來淡化，將造成愛情問題的嚴重性越演越烈，從中又一再感覺到自己沒有獲得足夠的愛，這正是愛情苦行者的悲哀。

## #過度的依附

愛情苦行者時常是因為沒有辦法先愛自己，反而將所有的期待都放在愛情和對象身上，他們不相信自己值得更好的愛情，所以有人對他們好，即使明知對方是渣男渣女，也希望給自己和對方機會繼續走下去。就算明白對方的付出可能別有用心，但因真心希望得到愛情與照顧，因此在痛苦和期待中載浮載沉，只為了擔心對方會離開自己。

即使愛情苦行者遇到了真的願意對自己好的人，但有時反而搞砸的是自己，因自己過度的依賴期待，同時無法認清該如何好好讓這段愛情正向發展，反而無法面對健全愛情裡的獨立自主與尊重。

過於黏著對方，甚至視愛情大過自己的工作生活，致使愛情關係的壓力過大，最終反而分手收場。當知道另一半很需要自己時，我們會感到安慰及滿足，也覺得自己在愛情中的付出是值得的，但當對方過度索求，而自己卻沒有相應的感受時，就可能發生爭執不快。同樣地，要是我們在愛情中積極付出，對方卻總是冷淡回應，這時就會產生強烈的失落感。

所以從品牌的立場來說，愛情苦行者很多時候其實知道自己內心的痛苦，因此品牌並非擔任單純幫消費者脫離苦海的角色，而是協助消費者透過品牌的陪伴支持，堅持希望的愛情關係。最常見的像是在廣告中，扮演好朋友及閨蜜的角色，在我們低潮時給予鼓勵，即便另一半讓我們傷心，但相信自己只要能堅持下去，終能改變現況。還有就是給予愛情苦行者適度的提醒，當關係可能更加惡化，甚至造成傷害時，看看別人是怎麼經由品牌的幫助，而能擺脫泥沼，重新尋找真愛。

例如 Nikon 的眼鏡廣告就是訴求，當我們可能有機會跟一個自己喜歡的人從曖昧到交往，最後一起生活，過程是如此美好，但前提是先勇敢踏出去而不只是單戀，此時品牌則將「看見」一事與自身產品連結，不但提醒了消費者應該勇敢走出去，同時也將自己的品牌作為消費者提醒的關鍵要素。

## #不平等的愛情

「我愛你，你愛她……」並不是每段愛情都能真正的兩情相悅，有時只是一個人的一廂情願，這就是單戀。發生單戀的主要原因，就在於被愛的對象和示愛的人，並沒有產生共鳴。像是男生瘋狂喜歡隔壁班的女同學，但是女同學卻只想跟足球隊的學長在一起；或是在公司喜歡上另外一個部門的帥氣男業務，但是男生只想衝事業不想交女朋友。

朋友之間也可能發生單戀，原本雙方是無話不談的好朋友，但其中一人逐漸對另一位產生情愫，但對方卻只願維持單純的友誼。單戀的人因為自己的感情層面仍處於曖昧階段，但對方卻沒有相同感覺，擔心說破了連朋友或曖昧的空間都沒有，但又自覺委曲，所以處在一種失衡的關係中。

單戀的過程跟曖昧有些相似，但多半只限於自己內心世界的感受，對方不一定知情，且關鍵在於其實單戀連自己都不一定能判斷對方的心意，但更擔心一旦真正告白後就會夢碎，連原有的關係也會結束。

雖然單戀不是正式、雙向的愛情關係，但是單戀的一方卻付出了自己的真心，而且也很難說放手就放手。單戀的人與對方因特定原因相識，並且開始有了情愫，但卻遲遲沒將自己的愛意表達出來，雖然也有可能透過蛛絲馬跡顯露訊息，但對方並未同時產生對等的回應。就像有的男生明明喜歡一起登山的女性，且每次都主動邀約甚至幫對方揹裝備、搭帳棚、準備餐點，但女生就只把對方當成是興趣相投的好朋友，但男生卻感覺自己似乎有那麼點兒機會。

但是單戀中最刻骨銘心的，其實是明知對方不會接受這段愛情，自己卻願意獨自喜歡並承受這一切。有時甚至被身邊的友人以負面的「工具人」、「舔狗」取笑，這時單戀者已活在自己單方建構的情感世界中，甘心情願的為對方付出，直到哪天自己死心，才肯真正放下。

但為什麼單戀的人明知不可為，卻仍然放不下對方？其實這樣的心態跟愛情苦行者也很接近，只是喜歡的對象並沒有讓雙方走進愛情關係中。

## #苦在心裡口難開

比較特殊的單戀，就是雙方連告白或直接接觸的機會都沒有，單戀者跟愛慕的人彼此互不認識，但單戀者已經從各種方面，得知對方的相關訊息，比較常見的像是愛上偶像的粉絲，或是因為知道對方的已婚身分，而不願因自己的出現而影響對方。單戀者關注並著迷於對方的一舉一動，雖然對方並不知情，但自己的內心早已澎湃洶湧。雖然單戀本身並沒有對別人造成影響，但若是一下子沒控制好自己的感情行為，就有可能變成騷擾了。

單戀者不願意放棄這段感情的原因，像是因為怕對方拒絕而沒有正式表白，但內心卻早已如戀愛般火熱，也可能即使對方曾經拒絕，但是並沒有其他交往對象，也沒有把關係打壞或把話講死；也有即便對方已經明確表達婉謝，甚至已經有了結婚對象，但單戀者自己仍執著超越常態的癡迷。對單戀的人來說，對方的拒絕或沉默，儘管會為自己帶來焦慮，但很多時候並不會因此改變自己的等待，雖然要使人立刻釋懷並不容易。這時不論是讓自己找到轉移焦點的目標，或是用吃東西、消費購物或是運動、與朋友們相聚來發洩情緒，都能成為一種關心與陪伴來調適心情。

從品牌行銷的角度來說，幫助單戀者增加自信心也是提升競爭力的一種方式，甚至成為消費者的心靈導師，讓單戀者走出陰霾而開始先愛自己，也是很好的議題訴求。因此不論是追求還是單戀，若是已經努力嘗試了一段時間，對方也明示或暗示過兩人無法繼續發展下去，甚至連曖昧的機會也沒有時，適時的放手也是對自己的保護。當放下無法繼續的關係後，自己才能重新出發，也或是給想追求自己的人一個機會；或許，下一段關係就是雙方都期待且能持續的真愛。

其實釋懷並不是件容易的事，特別是有強烈單戀傾向的人，對於愛戀的對象更是執著。單戀的人要認清現實有時需要契機，因為只要對方沒有強硬或明確的拒絕，自己總覺得還是有那麼點兒機會，但是從品牌的角度來說，若能幫助單戀者思考面對自己的困境，或許單戀者真能因品牌的幫助而有所突破，得到理想中的戀情；也可能是選擇接受現況，將生活重心轉移到自己身上或其他方向，甚至是重新開始新的生活。

# chapter 9

# 歡愉的時刻

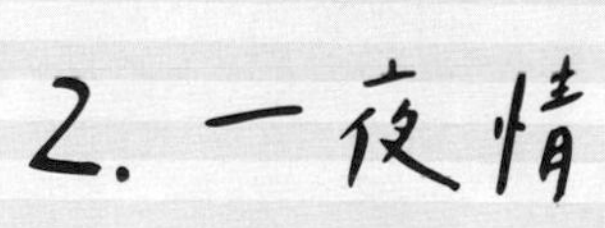

# 1. 性愛情趣

# 2. 一夜情

# 性愛情趣

## #社會認知的開放

當我們對性愛產生好奇，腦海中自然生出幻想，而身體則出現生理反應，這些都是出於原始本能，往往是生理反射且不受控。以往不論是對性的主動權或是自我滿足的相關需求，人們總羞於啟齒且不容易找到消費管道；其原因在於傳統家庭教育及學習文化的影響，對於性慾的探索，總是相對保守一些。然而現在我們逐漸接受當代多元的文化思想，在社會風氣日益開放的情況下，人們對於情慾的探索也比以往更為勇敢，特別是女性朋友，也多半肯定並希望在愛情中找到不能缺席、令人滿足的性愛。

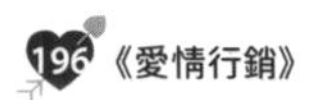

以往社會性觀念保守，在性教育普及度不高和法律的規範限制下，是導致過去國內情趣市場發展緩步的主因，然而隨著社會普遍的觀念改變，以及這幾年疫情造成消費者內心的不安與在家時間變，使是愛侶有了更多兩人的「 歡樂時光 」，也造就了情趣商機的明顯成長。

性愛的滿足包含了興奮、快樂、滿足，甚至能帶來幸福感，兩人在發生關係後，也對對方產生更多依戀、渴望與付出承諾。但是，過多的慾望也會導致生活時間受到不良影響，提高人心的佔有慾等忌妒情緒。

在性愛發生的時機上，還是有不少特定的宗教信仰人士認為，必須等到婚後才可進行，也有的宗教認為只要兩情相悅即可。愛情的品質包含了精神和肉體，有的人較為重視精神層面，但也有人重視肉體欲望的滿足，一起吃大餐、看夜景，而享受倆人的親密時光也很重要。性慾本身在於生理上渴望被滿足，這可說是出於人類最原始的本能，但在愛情中有更多可以提升性行為價值的儀式感。一頓讓人汗流浹背的麻辣鍋，一部精采的愛情浪漫電影，或是一起泡溫泉享受的時光，雖然最後一步終究會走到性愛，但這些都是讓我們的愛情更美好的重要步驟。

## #本能的渴望

對性愛的需求經常是人類受到內在或外在的刺激後，從慾望引發出渴望，進而表現在生理行為上，包含像是前戲的接吻與擁抱、刺激敏感部位、愛撫私密處及性器官、自慰、直接性交等，有的人則需要透過聲音言語、影片或圖片畫面來產生性幻想，進而達到性愛的滿足。向愛情的伴侶表達自己的性愛渴望，也是一種增進彼此感情的方式，尤其是熱戀期的情侶，或是新婚夫妻希望擁有小孩時，但也會隨著交往時間的拉長，慢慢降低對性愛的需求。

「 情趣 」生活包含但不僅限於性愛，性生活的協調與否，也影響了個人的滿足及伴侶的相處關係，若是當性愛變成睡前的例行公事流於形式時，兩人的愛情吸引力也會逐漸消磨殆盡。性愛就像一頓美味的大餐，前戲則是引起食慾的餐前酒，過程如同美食一般的讓人欲罷不能，但即使只是時間不長且過程平淡，若是能加入一些情趣元素，也能讓愛人間回味無窮。

愛情關係能夠因為身體的愉悅而升溫，但也可能因性生活不協調而帶來失望，有時兩人交往了一段時間，彼此認定已經可以發生關係，這時若能在性愛上有所滿足，就能提升並維繫彼此的愛情，甚至獲得幸福感。但是若雙方在性愛上出現分歧，像是男生表現不佳或是女生興趣缺缺，甚至可能因此導致衝突，更嚴重的結果就是分手或離婚。

尤其對男生跟女生來說，性愛的差異更像是短跑與馬拉松，男性重視的是關鍵時刻的衝刺，女性則期望從親密互動、前戲觸摸才進到正式的重要時刻，之後的互動與交流也不能少。

在性愛前兩人的溝通與相互理解也很重要，越來越多情侶會願意與對方分享自己的性愛期待，也可以在性行為結束後針對過程為下次的美好進行準備，交換雙方的想法與建議。即便是自己一個人的時候，若是有性愛的需求，也能借重情趣用品的外部刺激，達到高潮與滿足。

透過感官的刺激能夠幫助我們提升性愛的愉悅感，或解決部分人士因性愛技巧及能力的不足，而能達到自己與對方的高潮。因此從五感的視覺、味覺、聽覺、嗅覺、觸覺來著手，統統都是品牌的性愛商機切入點。

## #商業的發展機會

像是品牌透過行銷的文案，教導人怎麼在性愛的過程中，能夠說出讓人帶出慾望，卻又不低級反感的內容，或是推出適合性愛時光的香氛組或燈具，讓性愛時的氛圍更加有情調。另外也因為有些情侶或夫妻有特別的性愛偏好，但是考量居住的地方不適合進行，或是希望能體驗新鮮感，所以在旅遊時選擇特定的休憩空間，這時也有汽車旅館從節慶與話題著手，讓消費者感覺到驚喜之餘，還能帶來性愛過程的情境融入。

國內情趣商業消費人口呈現年輕化的現象，尤其是 30 歲以下的族群，成為新型態產品消費的購買主力，但情趣商品主流市場還是 30 歲到 40 歲之間，並且消費者在購買金額和消費類型上也更為多元，另外值得矚目的則是銀髮市場的成長空間。成人用品的價格差異很大，都會區的消費者較願意購買國際品牌和有口碑推薦的商品，並且消費高峰顯著落在像是情人節等節慶期間。

品牌的行銷投入及法規的重新解釋，讓我們對於情趣產品及服務的接觸，也在逐步擴大機會。現代的消費者在考量購買情趣用品及服務時，因為消費力的提升，所以更重視設計與製造品質，並且因為各人的需求差異大，所以產品的多元化也成為趨勢，但是這類商品因為涉及衛生問題，多半無法直接體驗，所以在社群的討論推薦，以及意見領袖的使用經驗分享，就成了消費者購買前的重要參考資訊。

像是情趣用品的製造商和販售通路、創造體驗環境的情趣旅館、分享性知識的意見領袖，社群上分享包含兩性情趣、性教育、成人用品測評的影片與文章等，在上下游的情趣服務和商品，更是早已滲透到我們的生活中，像是便利商店隨手可得的保險套，日商藥妝店主打 24 小時營業，銷售商品就包含了情趣用品專區，連鎖情趣通路在全台超過 20 家實體門市，還有線上平台及加盟式智能無人店，這些都跟以往大眾印象中，燈光昏暗、進門害羞的傳統情趣用品店，有相當大的不同。

## #需求的滿足

情趣產品的類型上主要分為侵入類、包覆類、助興類及安全性愛類，常見的像是保險套、潤滑劑、震動按摩棒、跳蛋、特定部位倒模、充氣娃娃、延時套環等產品，其中保險套因為是消耗品及安全衛生耗材，重複購買的機會大，因此更重視品牌的溝通，以國際品牌杜蕾斯 Durex、岡本 Okamoto、相模 Sagami 等品牌為主力。至於會直接接觸身體特定部位的情趣用品，操作方式包含手動、電動、遙控、軟體控制等，消費者會根據自身需求選擇，在價位上也有明顯的差異。

也有情侶在預備進行性愛前，會透過一些暗示性的動作或儀式，也會刻意準備具有情趣的禮物，比較常見的例如印有春宮圖像的居家擺飾、特殊部位造型的蠟燭桌飾，以及能直接穿戴在身上的性感內衣褲。若是遇到情人節，則可能另外準備充滿性暗示的造型巧克力。還有不少情侶更為直接，將保險套、跳蛋或是震動按摩棒當作禮物，用充分的準備讓兩人進入愉快的性愛時光。另外對於性愛有特定需求的人士，相關的藥品及保健品也是不可或缺的。

在觀看的影視內容部分，國內的成人產業也逐漸發展向具有規模，相關從業人員也較以往更受到社會大眾接納，在 2006 年大法官釋憲後，重新定義何謂「 猥褻資訊 」，間接放寬了台灣製作或傳播情色產品的空間。只要不含重大問題的特定內容，並有相當的隔離措施加以阻隔，同時在設有警告分級制度的社交媒體或網站上標示「 未滿 18 歲請勿進入 」，即可被排除於取締範圍之外。

## #良好性愛的重要性

國內的情趣市場仍然處於發展中的社會適應階段，但在消費者越來越願意嘗試，且市場能合法購買情趣商品的機會越來越多之下，目前仍是市場蓬勃發展的好時機。保險套與情趣用品的購買，不論是從健康教育、對人的尊重或自我滿足的層面看，都能幫助消費者重新建立認知並從中獲益，不論有沒有另一半，或是想要重燃伴侶間的熱火，適度使用體驗合法安全的情趣用品也是不錯的選擇，畢竟生活已經不容易了，尋求一點生活情趣也無傷大雅。

尤其在不少調查中都能發現，不少夫妻情侶失和的原因，都來自於性愛的不協調，男生只想急就章、女生更想慢慢來，這時若是能從相關的商機切入，幫助伴侶雙方更能達到滿足，或藉由相關產品的使用過程學習，能讓夫妻的愛情從心理與生理的共鳴度提高，這時品牌能協助的不僅是單純性愛助興，更可能挽救一場面臨危機的婚姻愛情。畢竟能夠讓雙方「身」、「心」都得到滿足，才能讓愛情的關係更幸福，也「性」福。

此外在行銷商機上，很多產品可以配套出售，例如保險套與潤滑液、按摩棒和跳蛋，還有不少消費者也希望身體機能強化及心靈愉悅的需求能同時滿足，因此跨界合作也是未來的機會。例如情人節限定的巧克力、精緻卡片以及跳蛋的禮盒，或是男性保健食品及保險套組合，不但能帶動消費者的同時購買機會，更幫助消費者選購上的便利性。

另外，當婚姻持續一段時間之後，相愛的兩人可能因為生活忙碌而逐漸失去熱情、減低性關係的頻率，但並非內心不想要或不愛對方，所以對品牌來說，像是飯店及旅宿業，針對特定時機推出夫妻限定的房型服務，甚至幫忙代為照顧小孩寵物，減少愛侶性愛時光的其他干擾，都能提升消費者上門的機會。

從更現實的層面來說，需要空間時間更隱密的交往對象，可能是第三者或一夜情時，當消費者的慾望戰勝理智時，品牌理想的貼心服務更能使消費者忠誠支持，畢竟商業機會也是品牌必須關心的重點。

# 一夜情

## #意外的時刻

「那天晚上遇到的帥哥體力真好，只可惜沒留下聯繫方式……」

在現代社會中，有些人選擇不結婚不戀愛，但是卻因為生理及心理的渴望，而選擇一夜情來滿足自己的慾望。兩個互不相識的陌生人，可能透過網路社群軟體相約，也可能是在酒吧舞廳看對了眼，在酒精的催化下就勇敢發生了「一夜情」。

不過除了雙方原先彼此不認識，只透過短暫的接觸互動就上床外，也有那種本來並不是情侶，甚至雙方也沒有曖昧或告白的跡象，卻因一場意外而在你情我願的情況下，就發生了關係，之後也不再有後續的火花，這也是一夜情會發生的場景。另外要摒除金錢

交易的性關係，因為這不僅違法，更該稱其為「 嫖娼 」或是「 叫雞 」、「 找牛郎 」，而不在一夜情的範疇。

從一夜情的次數論，一次是一個基本條件，但若是持續相約進行親密的互動，但又有默契地沒有交往，這時就不能再稱呼為一夜情，而應該是「 約炮 」了。但若因一夜情而讓兩人迸出愛的火花，使得其中一方或雙方愛上了彼此，那就可能成為正式交往的契機。

## #消費文化的推波助瀾

一夜情的發展從早期的夜店文化，到現在不少私密社群媒體及交友軟體，都代表著越來越多人在性方面存在需求，卻又不願被愛情的關係捆綁。不過在數位時代中，除了實體真槍實彈的一夜情外，也發展出了網路上的「 網交一夜情 」，透過聲音、文字或視訊來進行，各自再以可以進行的自我性愛方式獲得滿足，甚至在 PTT 的 sex 版也有不少分享一夜情經驗的文章。

美劇《 慾望城市 》（ Sex and The CIty ）中，就有劇情是男女雙方看對眼便上床，甚至因此發展出交往關係，但這樣的故事在我們的生活中卻很少見，除了文化的差異外，對於性與愛的先後順序，華人還是相對保守。但台劇《 我們不能是朋友 》中的女配角韓可菲就是因為熱衷一夜情而獲得觀眾的高度討論，經典台詞「 好想買可樂（ make love ）」更是在一時成了話題熱搜。

有些人對一夜情的認知，會刻意將性與愛分開看待，更勇於滿足自身的性需求與性愛所帶來的歡愉，較不受傳統道德規範約束。

發生一夜情的動機，像是對性有需求卻不願被愛情束縛，或是追求不確定感所帶來的性愛激情，甚至單純沉溺於性愛本身，在尚未尋獲穩定愛情關係時，透過一夜情來得到滿足。

## #風險的存在

然而從安全健康的角度而言，如果因一夜情沒做好安全防護，導致感染性病甚至是愛滋病的比例也逐漸上升。依據疾管署 2022 年 1 至 6 月統計，國內淋病及活性梅毒新增病例通報數分別為 3,724 人次與 792 人次，而愛滋病毒（HIV）新增感染通報人數則為 548 人。分析感染性傳染病的年齡分布，6 成以上為 15 至 34 歲的年輕族群，且多因不安全性行為而感染，其中一夜情因對對方的身分或健康狀況一無所知，更是容易因此中標。

對於主動尋找自己感興趣的對象發生一夜情，有人更享受的反而是這個獵豔的過程，至於最後所發生性愛，只是達成了階段性的目的。但無需付出承諾也同時代表了無法擁有對方與愛情，在激情之後更可能感到空虛，而這時若遇上了真心喜歡的人，也可能因曾經的一夜情而使戀情破局。

## #行銷議題的掌握

其實很多單身男女都曾幻想過發生一夜情，最終多半仍放棄行動，就是因為即使滿足了一時的生理慾望，由於缺乏愛情基礎，內心的孤單寂寞還是無解。

另外像是有的一夜情之後會留下驚喜或驚嚇，例如女方若不小心懷孕了該找誰負責？這時也有品牌訴求若消費者遇到這樣的狀況，怎麼找到孩子的父親來收尾，雖然是以幽默的方式來呈現，但也同時點出了提醒消費者性行為安全措施的重要性。

對品牌來說，一夜情既是一個危險的議題，又是能吸引消費者多看兩眼的機會，新加坡的家具業者就曾用雙關語，將「Free One Night Stand」當作標語，巧妙的兩行分開，並搭配男女親密擁抱的性感照片廣告，實際傳達真正的「Free One」&「Night Stand」，也就是買床加送一個免費「 床頭櫃 」的意涵。當時這個廣告不但引發熱烈討論，也可見消費者不論是否贊成一夜情，對於這樣的議題還是會特別關注，也使品牌在設計行銷創意時，有了更不凡的切入點。

而將一夜情當作品牌調性，並成功累積消費者記憶的品牌，當屬 LYNX ／ AXE 止汗噴霧的廣告無疑。廣告中的兩人從一夜情過後醒來，一路邊聊天邊沿路把脫去的衣物給撿回來，直到進入超市的購物車前，互相打聲招呼後就各自轉身離開。廣告的標語更是用「 不知何時你就會派上用場 」來突顯產品的香氣能達到增強性魅力的獨特賣點。

# chapter 10

# 不同的世代

1. 父母的影子

2. 媽寶世代

3. 遲暮之愛

# 父母的影子

## #原生家庭的影響

在我們學會愛情之前，父母親是最重要的學習榜樣，畢竟那是每個人從小看到大的重要範例。當人在尋找愛情關係的另一半時，常常會照著理想中的情人搜尋，其實有時就是自己父母親形象的投射。但是當父母的愛情出現問題時，若是使子女感受到生氣厭惡，就很可能會刻意尋找與父母形象相反的人來交往。

每個人的原生家庭都對子女有一定程度的影響，只是並非父母恩愛一輩子，我們就也一定能得到幸福；只是當父母持續都能好好相處，成為子女的學習目標時，至少我們對愛情婚姻也會有更理想的憧憬嚮往。

子女若年幼時曾經歷父母婚姻不睦，甚至出現衝突家暴，也會導致未來對婚姻抱持較負面的看法。有些人是因為父母親其中一方出現嚴重的問題，所以更渴望能找到攜手一生的愛，但也有人因此對愛情缺乏自信與安全感，在結婚前更加謹慎，一旦出現問題就快刀斬亂麻，但在婚後即使出現問題，也為了避免步上父母的後塵，不論如何都盡力持守婚姻。

當父母之間關係不好、離異，甚至可能其中有一方出軌，我們看到的愛情就可能是帶著缺憾的，而也因此常常有子女認為，只要自己在愛情中更加努力，避開父母所犯過的錯，就能改善愛情關係不重蹈覆轍。另外像是長期衝突甚至關係中存在著暴力的父母，將可能影響子女尤其是女兒對愛情中的親密關係可能產生排斥或畏懼，同樣也可能造成兒子因潛意識學習模仿，而在自己與伴侶相處時，變成了自己最討厭的樣子。

我們年輕時會透過學習觀察模仿父母，同時在成長過程中感受理解父母之間的相處模式。若是父母感情恩愛，常常也會使子女嚮往未來的愛情能一樣美好。有的父母親也會主動關心子女的愛情發展，如果父母能在子女的戀情初始不持反對態度或強制介入時，子女才更願意主動將自己的愛情發展與交友情況告知分享父母；這時對於情竇初開的年輕人來說，也更能建立良好的愛情觀念，更懂得去保護自己，避免在愛情關係中因為沒有學習或交流的對象，反而受傷跌倒。

## #過度干預成了絆腳石

父母因為期望子女更好，在責任心的驅使下常將子女的婚姻視為自己必須承擔的責任，但實際上子女的愛情關係卻不見得是父母能理解接受的，這時就很容易發生衝突與爭執。

另一方面，在經濟條件、親子關係維繫等壓力的考量下，家長不得不一定程度的接受妥協，不論是交往的對象、婚禮的儀式與禮數、婚後相處的方式，甚至是買房子及財產相關問題，都是兩代甚至三代之間需要溝通的。

這時品牌行銷的對象也可以是父母，提醒避免因過度干涉子女的愛情，反而造成親子關係的副作用。以往不少年長一代的父母，重視教養的權威，當年輕子女硬是要談戀愛，常用強硬的手段阻止。但是對年輕世代來說，愛情關係的建立是無法強求禁止的；品牌此時的行銷訴求反而可以站在陪伴與支持的立場，使父母親明白，必須用柔和關懷的溝通方式對子女的愛情關係才有幫助，也能更能妥善維繫彼此的親子關係。

例如女兒要跟男朋友去旅行，若母親強硬說教禁止兩人發生關係，或將男性的生理慾望妖魔化時，女兒可不見得聽得進去。但若能採女兒更能接受的方式柔性勸說，則可使用幽默的對白來呈現，女性的第一次非常珍貴，必須在更有價值的時刻獻出，接著拿出一個保險套，表達女性需懂得保護自己，自己無論如何都支持女兒的決定。

雖然這可能是一個家具或家庭廚電的廣告，但卻傳達出父母對子女的關心和對其愛情的期待，品牌能以照顧者或陪伴者的角度來溝通品牌理念，不但能讓消費者有更多的關注，也能獲得多數人的肯定。

## #品牌扮演的不同功能

因此，子女要如何在自己的愛情和婚姻中，找到可以幫助家長建立信任的支持時，也是不少品牌能夠著墨的地方。就像有些時候，當父母爭執的原因來自於經濟壓力，品牌從能夠從給予求職者一份良好工作的立場切入，當消費者擁有收入不錯的工作時，或許就能走出過去的陰影，擁有心目中理想的愛情。因此公司的品牌形象廣告，就能從這樣的角度發揮，甚至能因此使更多即使並未進入這家公司任職的社會大眾，或是有類似家庭問題的消費者，感受到自己的痛苦被同理關懷，因而願意關注支持這個品牌。

從正面角度切入時，若是品牌的創辦人或公司文化能在強調家庭婚姻和睦的同時，也訴求產品及服務能幫助消費者擁有一個美好家庭時，從父母的愛情觀點出發，使消費者感受自己使用品牌服務後也可以獲得跟自己父母一樣美好的愛情生活、甚至更好時，那一樣是達到了溝通的效果。

另外也有不少品牌強調家庭幸福的美好傳承，像是香皂沐浴乳、洗衣精等等，對於那些記憶中對父母親幸福的愛情有所嚮往的人，也能發揮情感轉移的投射行為，希望自己與另一半也能在使用與父母選擇相同的品牌後，繼續幸福下去。

# 媽寶世代

## #媽媽的角色

有時我們身邊會有那種，都幾十歲了做決定都仍猶豫不決，尤其在愛情關係中沒事就會聽到：「 我要問問我媽。」或是「 我媽可能不高興！」等理由。而日前佔據媒體版面的熱門新聞中，也有這種強勢的母親及媽寶本人所上演的雙簧戲碼。

其實媽寶的成因跟母親的立場角色有著高度的關聯性，當然其中有時也還因為「 爸廢特 」的影響。但是，父親過度干涉子女成長的也不少，為什麼母親就這麼特別被關注呢？或許原因就在於，過往華人世界中的母親常常肩負著照顧教養子女的角色，尤其是兒子，總特別會受到關注。

父母的完美主義也常常是導致媽寶們無法獨立自主的原因，也因為在愛情中不可能事事理想、處處盡如人意，比起學校或職場生活的自主性，愛情關係更容易受到家人影響，而這時當父母不斷提出更多要求時，媽寶們也不知該如何拒絕或樂於接受，就會將父母的要求轉嫁到另一半身上。媽寶父母企圖控制子女的想法和行為，以達到自己的個人期待，我們若放大範圍來看待，父母過度保護子女的高度依賴性，也都是對愛情關係中的另一半，可能造成負面影響的原因。

其實愛情能夠走得長久，很重要的一環仍建立在兩個獨立自主的個體身上，雖然有時就算真的愛上媽寶，但只要能以正面的方式來接納尊重對方的母親，戀情還是能順利走下去。但若不幸必須與戀愛對象的母親站在對立面，而自己的愛人卻依然選擇站在母親身邊，一旦常常面對這樣的僵局下，選擇放手對自己才是更好的結果。畢竟要讓媽寶與母親對立是相當不容易的，至少我們應該先把自己當作寶，懂得愛自己；委曲求全的愛情總常是悲劇收場，時間早晚罷了。

## #別讓保護變成傷害

當父母過度保護或對於子女的決定高度干涉，以及即使子女已成年長大，仍以嚴厲批評的方式強迫子女接受自己的意見時，可能導致子女性格懦弱，或持續過度依賴父母給予的資源與建議。當子女在愛情關係中仍依賴父母幫助建議時，一旦父母反對戀情或現實不符父母期待，就可能用撤回所有資源、冷漠，甚至發出自我傷害等威脅，來影響子女的決定。

很多時候媽寶的出現，可能是因為母親從小因故獨自照顧孩子，家庭缺乏父親角色或父親相對弱勢，但也有的是媽寶本身即使長大成年，卻依然有高度的依賴性，或同時高度依賴父母雙方的情況。

然而在愛情之中，我們都希望能跟一個自信、能相處的人共同走向未來，但不是每段感情在一開始時就能判斷對方是不是媽寶。我們只能透過一些蛛絲馬跡來觀察，例如成年男女遲遲不願意離家獨立，選擇與父母同住，甚至在經濟及生活上仍高度倚靠家中長輩。

也有人可能在家務的料理及生活細節上，缺乏自己處理的能力及意願，而依賴母親的協助，若一個人 20 幾歲如此還可能在一定的範圍內可被接受，但若 30、40 歲都還這樣，就可能得注意是否具備了媽寶的條件。

其實交往對象是否與父母同住或受生活照拂還是其次，真正的媽寶及其母親對愛情的影響，最關鍵的仍是其與另一半交往的心態。就像交往雙方難免發生爭執，若男方總是脫口而出：「我媽都會這樣做，你怎麼不會？」這時女方可能除了不滿自己被拿來比較，更可能認為對方根本沒有獨立維繫這段感情的心理準備，這時就可能導致分手甚至離婚。

## #負面的影響

而媽寶的母親通常較為強勢，甚至為了掌控自己年紀已經不小的孩子，還用一些心理控制的招數，像是「不聽話就是否定親情」、「自作主張就中止關愛後援」，或是「照顧你／妳這麼久都白費了」的情緒勒索，透過這些舉動來引發媽寶們的恐懼和愧疚感。而這些貶低雙方關係價值所造成的心理壓力，更是操弄親子關係的負面行為，只為了使媽寶子女能夠維持在母親的掌握之中，卻失去了成熟的愛情關係中兩人獨立思考及發展的空間。

其中所造成的後遺症之一，就是讓交往甚至是婚姻中的另一半，強烈地感受到自己相處的對象背後，其實有個強大的「影武者」，甚至在日常的正常相處下，也會擔心產生負面感受被其控制。我們都知道，原生家庭的生活經驗對於愛情交往中的雙方，多少會產生一定程度的影響，尤其若其中一方的家庭相對正常開明，父母多半願意尊重成年子女的愛情選擇，但是若是遇上一方甚至兩方都有媽寶的傾向，一旦雙方遇到意見想法不合時，那就成了兩邊「媽的戰爭」。

過度依賴家長的媽寶們因為受到父母的控制影響，在愛情中的自主性較低，當長輩們又執著於自己過去的生活習俗與觀念時，更容易導致交往雙方產生與另一半的衝突；例如婆婆認為媳婦應該負擔所有的家事料理，就算是上班族也應該自己帶小孩，或者是岳母提出想結婚就得拿出一大筆的聘金展現誠意，同時婚禮前後的各項禮俗都不可少。

在媽寶們的認知中，既然父母提出了要求，另一半就應該為了愛情而達成目標，卻忽略了婚姻承諾不應是單方面的要求，更應該是締結婚約的兩人之間所共同達成的共識。

## #孝道成了道德綁架

對於媽寶來說，因為對孝順的認知，而影響到自己的愛情與婚姻機會也相當高，這也將延伸成為交往對象的一種壓力。像是公婆對媳婦的要求，或是岳父母對女婿的期望。透過行為誘導或是情緒壓力，常常是媽寶父母控制子女的手段，像是要求媳婦一定得每天回家做飯給家人吃，當媳婦與兒子表達反對時，母親可能以自己任勞任怨照顧這個家數十年，現在感覺自己被拋棄的語言為情緒勒索。或是不斷表達自己不能接受外賣吃食，甚至佯裝身體不舒服，試圖影響兒子媳婦的作息，迫使他們配合一起生活。

同樣地，像是丈母娘也會在對女婿的表現不滿意時，不斷刻意找不同的機會跟女兒抱怨，並比較其他親戚或是家人，誰的工作好、誰的收入高，企圖透過女兒進一步施壓，以求女婿的表現符合自己的理想期待。甚至像是要求把房子過戶到女方名下、由自己的女兒掌管家中的經濟大權，就算本來是媽寶的女兒不願開口，也會因受不住各種壓力，最終順從母親的要求提出。

當品牌運用媽寶議題操作行銷時，關鍵切入點可以從「獨立」的角度出發，例如幫助夫妻運用品牌的幫助，有能力自行租屋或買房子，或是當父母不尊重夫妻隱私，任意在未告知的情況下就會闖入房間時，有更好的防範措施。另外，幫助父母轉移生活焦點，從子女身上轉移到自己的興趣或目標，也能達到幫助媽寶獨立的機會。

當然對於能夠接受改變的媽寶消費者來說，品牌的角色確實能成為重要的助力，但若是媽寶本身沒有自覺、也無意改變，品牌所能做的就只有幫助另一半面對現實，甚至協助對方提早脫離苦海了。

但是作為消費者的陪伴時，愛上媽寶的一方除了無奈之外，若是品牌能給予適度的提醒，讓我們能更堅定地做出選擇，或是有勇氣改變的媽寶們，雖然不知道怎麼開口，卻能藉由品牌的行銷方式，像是幽默的廣告微電影劇情，或是限定媽寶的自我挑戰，也是在愛情中為消費者帶來幫助的方式。

# 遲暮之愛

「等待返去的時陣若到，我會讓你先走，因為我會嘸甘放妳為我目屎流。」

〈家後〉江蕙

## #一直堅持下去

白頭偕老這件事，在這個人們越來越長壽的時代，也越來越容易達成。依據內政部統計，110 年 1 月底我國老年人口，也就是 65 歲以上的人數已達到 380.4 萬，占總人口比率的 16.2%，台灣也成為聯合國定義的「高齡社會」。在這龐大的銀髮族中，夫妻或伴侶兩人仍能繼續相愛，走向人生最後一哩路的，真不是件容易的事。當我們逐漸走入遲暮之年，生理與心理都會隨著年齡而產生改變，其中生理機能、心態與個性都會發生變化。

有些時候還會因為伴隨著逐漸與過去的人際交往脫節、同年齡的友人早一步邁入死亡，以及經濟問題而影響了原本的生活模式。在銀髮族生活中，不論是健康還是性格都會持續發生變化，有些夫妻不能再像過去一樣接受過大刺激，個性也可能變得更為固執。但是也有人是因為不用再去考慮經濟或是子孫問題，反而更願意兩人一起去吃大餐、看耶誕節的戶外節慶布置，甚至是一起去教會聚會，享受不同以往的美好時光。

家庭角色的轉變也是銀髮愛人們開始改變的重要階段，父母養育教育子女的過程，會隨著子女長大獨立而逐漸淡化，若無須照顧孫子孫女，生活就會走真正的「 新兩人時光 」。但若還須協助照顧第三代，甚至出現隔代教養的情況時，很難好好享受銀髮情侶自己的生活。

遲暮之愛對於原本持續維持婚姻關係的銀髮族來說，生活適應的過程包括了生理及心理兩方面，尤其對已經共同相處數十年的兩個人，經歷過許多風雨後，更考驗著彼此對銀髮生活的認知和對方的互動。

也有些人在中年喪偶、離異，直到進入高齡才遇到能攜手走完一生的愛情，這時不論有沒有婚姻關係，已經不再那麼重要，能夠相互扶持才是相處的重點。喪偶對於銀髮族來說，在身心情感上都將產生重大影響打擊，這時若能有人陪伴，也比較容易從傷痛中走出來。內政部 2021 年統計，65 歲以上的銀髮族中約六成仍有配偶，但喪偶的比率隨著年齡增加，110 年 65 歲到 69 歲的喪偶者有一成三，80 歲到 84 歲則已達四成六。

## #年齡不是問題

另外若是離婚已久的單身銀髮族，其實也有親密關係及愛情的需求，這時若是能找到合適的另一半，就算不再走入婚姻，只是單純的約會交往，同樣能使人獲得愛情的滋潤。在遲暮之愛中，不論是結婚數十年的夫妻、沒結婚但一起相伴的愛人，其實角色都更像是知己好友，能夠互相照顧陪伴、了解對方，還能互相取暖、避免孤獨，這都是相當值得肯定的。就算偶而出現年紀社經地位差異極大的老少配，只要雙方是真愛，大眾都應該給予祝福。

有些長輩喪偶之後，對面對獨自一人的生活感到焦慮，畢竟遲暮愛情的對象可遇不可求，這時品牌就能從關係需求來介入，雖然有人認為，此時出現的「 爺孫戀 」或「 婆孫戀 」，必定是圖謀財產或其他目的，但確實仍有單純遲到的愛情。像曾經愛慕過長輩的中年女性，當自己單身並未進入婚姻，遇上正處於喪偶悲傷的對方，旁人只需祝福即可。這類品牌微電影的訴求目的正是在鼓勵消費者勇敢追愛，即便可能出現爭議，卻也能讓不少曾有類似感觸的人產生認同，因此提升對品牌的好感度。

## #更不容易的挑戰

遲暮之愛的困難之處，其中一個原因在於個性的轉變，像是有的銀髮族本來個性很容易與人相處，喜歡與人互動，也樂意與另一半把握最後的時光，多出門去走走，甚至一起喝杯星巴克。也有過去和藹可親的長輩，年紀大了之後反而變得越來越不容易溝通，但也有本來脾氣暴躁的人反而個性變好了。同樣地，在銀髮族愛人的相處上，情緒及個性的變化也都影響了兩人之間的互動。但是雙方都一起逐漸變老，若是其中一方能有更多的包容體諒，另一方也能正視自己因老化所發生的問題，這時兩人才能在彼此生命的最後時光，好好的相處下去。

當其中一方不願面對承認自己年齡體力的衰退時，就可能將不安移轉到對方身上，甚至出現善妒的狀況，看到老伴偷瞄年輕辣妹或小鮮肉就爆氣，但這樣的嫉妒常常是沒有意義、甚至影響愛情關係的。另外，高齡者還必須面對記憶力及認知功能衰退，甚至是慢性疾病的持續就醫，也都需要老伴彼此花時間來適應接受。

對於銀髮愛人之間，看病領藥就醫這些無奈的事情，將佔據兩人越來越多的相處時間，也可能因對方的記憶力、聽力、視力越來越差，而因此產生誤會爭執。這時身為晚輩的我們，卻不見得適合涉入，因為對銀髮愛人們來說，面對彼此共同退化老去的同理心，只要自己仍然愛著對方，就算對方突然發起脾氣、說話越來越大聲，甚至是一直重複曾經說過的話，相較於年輕的子女，反而都是銀髮族另一半比較能體諒對方。

即便有的銀髮族年長後慢慢變得不愛參與社交活動，但在兩人關係和諧穩定的情況下，脾氣個性仍能維持平穩。對於愛情衝擊較大的，反而是越來越強的防衛性甚至是憤世嫉俗，既不願如同過去與愛人好好相處，容易怨天尤人，更對一切事物感到悲觀。但是畢竟雙方一起同行大半輩子，對另一半因年齡造成的個性脾氣改變雖然感到不安，但仍希望能繼續共同走完最後一哩路。

只是據內政部統計的結果，2021 年六十五歲以上銀髮族的離婚率高於其他年齡層，十年間從 3.6 %上升至 8%，百歲以上離婚率也有 2.5%。其中很大一部分的原因就是雙方已經無法繼續相處下去，這時即便是至親晚輩，也難從中介入。

## #品牌帶來的幫助

很少遲暮之年的夫妻，會因為對方的健康狀況而完全拒絕照顧，但是當兩人年紀都大了，又多半與子女不住在一起，這時若其中一方患有重病而無法自理，如何維持雙方的相處就成了一大挑戰。當愛情只剩下靠責任維繫時，會導致兩人在相處上越來越困難，擔任照顧者的一方也會更感到孤單無助。這時若能有品牌幫助，透過專業機構或看護的協助來分攤病人的照顧工作，兩人就有機會能繼續相處下去，而降低問題的發生率，甚至為雙方帶來幸福感。

銀髮族無法避免的生理變化，包含身體健康和行為能力的逐漸衰退，具體展現在男性與女性身上也有所不同；所以有些銀髮夫妻可能過去其中一方很愛旅行出遊，對方也能跟上腳步陪伴，但是在體力逐漸衰退的情況下，無奈的減少或停止了兩人原本共同的興趣。而丹麥的 Tivoli Garden 遊樂園卻針對銀髮族群下手，廣告訴求品牌不僅歡迎大人小孩，也能幫助銀髮族玩得非常開心，更增進遲暮愛侶間的愛情關係，可說是相當獨特的行銷操作。

生理的老化讓人們的身體機能無法再像過去一樣動靜自如，可能會使人感到沮喪，像是部分男性就會懊惱自己性功能減弱，不再能像過去一樣滿足伴侶，雖然對女生來說，隨著年齡增長，對性的需求也會降低，但是當兩人心血來潮時，還是希望能有美好的性愛滿足對方。因此不少品牌也從此切入，藉由提升身體的機能健康，來維持兩人生理的愛情品質，而其中像是威而鋼 Viagra 則是操作這方面議題的高手。

也有的銀髮族本來在社會職場上相當活躍，另一半也跟著參與相關社交活動，但是在退休職務卸任後，兩人也必須開始尋找新的生活相處方式，所以像是甲山林集團的帝國花園廣場房屋廣告，就是以銀髮族群的兩人愛情生活為切入點，強調具一定社經地位的遲暮之愛如何展開新生活。

這時讓銀髮族群重新找到愛情，也是個相當不錯的訴求方式，日本的冰品品牌 - セイヒョー就抓住這樣的議題，推出高齡版的《流星花園》廣告，讓長者們以類似偶像劇的劇情，重現劇中的經典橋段，不但幽默且讓人記憶深刻，同時也達到品牌擴大消費客群的目的。

## #紀念日的意義

就像不少夫妻為了使婚姻維持新鮮感，每逢特定的紀念日就會一起吃大餐或旅行，而以結婚記念日來說，大致可分成以下的特定紀念日及意義。

- 結婚 1 週年 – 紙婚（Paper Wedding），婚姻薄如紙張容易一撕就破，所以要特別小心保護。
- 結婚 2 週年 – 布婚（Calico Wedding）婚姻稍微穩定但仍須小心磨合，才能走的更長久。
- 結婚 3 週年 – 皮革婚（Leather Wedding），第 3 年婚姻開始逐漸穩定，如同皮革般有韌性。
- 結婚 4 週年 – 花果婚 （Fruit & Flowers Wedding），婚姻經歷了不少的酸甜苦辣，開始相處得更好。
- 結婚 5 週年 – 木婚（Wood Wedding），婚姻已經開始向木頭一樣變得更堅硬，能接受更多挑戰。
- 結婚 6 週年 – 鐵婚（Iron Wedding），婚姻關係如同鐵一樣堅固，即使遇到較大的挑戰也可以度過。
- 結婚 7 週年 – 銅婚（Copper Wedding），婚姻比起鐵更加不會生鏽，對華人來說也有度過七年之癢的里程碑。
- 結婚 8 週年 – 陶婚（Pottery Wedding），婚姻如同陶瓷雖然易碎但是美麗，所以更要小心守護。
- 結婚 9 週年 – 柳婚（Willow Wedding），婚姻如柳樹般不怕風吹雨打，可以挺過更大的風雨。
- 結婚 10 週年 – 錫婚（Tin Wedding），婚姻如同錫器一樣堅固，而且也更有韌性與包容。
- 結婚 11 週年 – 鋼婚（Steel Wedding），婚姻如同鋼鐵一樣堅硬，而且更不容易會生鏽。

- 結婚 12 週年 － 鏈婚（-Linen Wedding），婚姻就像鏈條般交織結合，就像兩人的生命已經不可分。
- 結婚 13 週年 － 花邊婚（Lace Wedding），婚姻因為生活與相處的累積而多采多姿，值得期待。
- 結婚 14 週年 － 象牙婚（Ivory Wedding），婚姻像是象牙一般會隨時間更光亮美麗。
- 結婚 15 週年 － 水晶婚（Crystal Wedding），婚姻如同水晶般透徹，彼此之間沒有隔閡與隱瞞。
- 結婚 20 週年 － 瓷婚（China Wedding），婚姻像是瓷器般表面光滑無瑕，而且更有價值。
- 結婚 25 週年 － 銀婚（Silver Wedding），婚姻就像銀一樣具有更高的價值，並且值得讓更多人知道。
- 結婚 30 週年 － 珍珠婚（Pearls Wedding），婚姻相處上就像珍珠般美麗渾圓，也代表稀有珍貴。
- 結婚 35 週年 － 珊瑚婚（Coral Wedding），婚姻經營非常出眾而且耀眼，是眾人學習的榜樣。
- 結婚 40 週年 － 紅寶石婚（Ruby Wedding），婚姻像紅寶石一樣名貴，並且是珍貴稀有的存在。
- 結婚 45 週年 － 藍寶石婚（Sapphire Wedding），婚姻像藍寶石燦爛且獨特，值得珍藏。
- 結婚 50 週年 － 金婚（Golden Wedding），婚姻如同黃金一樣堅固有價值，而且不斷的升值。
- 結婚 55 週年 － 綠寶石（Emerald Wedding），婚姻堅定而不動搖，而且可以做為傳世的頌揚。
- 結婚 60 週年 － 鑽石婚（Diamond Wedding），婚姻的象徵世間稀有，比起結婚更有價值。

老一輩的夫婦因受限於過去的社會環境經濟條件，求婚時儀式簡單，婚禮舉辦也是能省則省，但當臨遲暮之年，生活條件也相對富裕不少；這時也不乏為人子女者希望能夠為父母重新補辦浪漫溫馨的愛情紀念儀式，像是之前廚電品牌櫻花，就曾以遲暮之年為主題，由長輩重新向愛人求婚作為品牌微電影的特殊議題。隨著補拍婚紗照的銀髮夫妻也有增加的趨勢，因此例如品牌推出金婚紀念照的特別專案，為婚齡達 50 周年以上的夫妻免費拍攝，並製作成數位與實體的相冊，成為雙方及子女的寶貴紀念。

# chapter 11

# 愛情的里程碑

1. 節慶儀式

2. 婚禮

3. 蜜月

# 節慶儀式

「在風雨飄搖的時代，儀式令人們有所依傍。儀式幫助我們處理生活中的窘境，儀式喚醒我們心中的美好情感，儀式是心靈的港灣和力量的源泉。」

洛蕾利斯．辛格霍夫（Lorelies Singerhoff）

## #紀念每件事情

在愛情裡，節慶和儀式扮演了相當重要的角色，從西洋情人節、七夕、耶誕節、跨年、對方及自己的生日，到告白、求婚、結婚、購屋等。我們可以說，每當愛情要向前跨入下一個階段時，人們往往會選擇節慶並結合其本身的意義，讓這天的日子更「師出有名」，同時運用儀式來強化愛情過程中的行為與記憶點。對品牌來說，節慶更是重要的商機，是運用巧思滿足消費者也同時讓自己獲利的好時機。

在過去我的研究中，儀式是一種社會集體情感或觀念行為的再確定，所以為什麼那些在眾人面前求婚的橋段，會這麼別具象徵意義，因為那代表了我們願意正式而且公開的與大家一起分享經歷這個過程。因此有不少情侶認為，正式的告白雖然很重要，但若要進入婚姻階段，一場令人記憶深刻的深情求婚，以及公開且充滿祝福的婚禮，都是讓愛情被大家看見並接受眾人祝福的方式。

當愛情中的儀式除了兩人之外，還必須有眾人的參與時，會產生大家同嗨的原因，來自於「 集體歡騰 」。就像在婚禮上，來參加的人多半與新郎新娘熟識，雖然也有可能是長輩邀請或是因社交關係而參與，但是當人們看到自己認識的新人在婚禮儀式中表達出自己對另一半的愛意、對父母長輩的感謝，或是婚禮過程中的表演、敬酒儀式及新人送客時的拍照環節，都讓參與者產生情感連結，甚至像新娘在丟捧花的時候，更是讓搶捧花的親友陷入興奮狀態。

有趣的是，儘管多數的節慶紀念的都是正面的事情，但是由於整個社會的諸多變化，尤其在離婚率不斷攀升的如今，甚至還有所謂的「 離婚儀式 」出現，也是求所謂的好聚好散。也有與戀人分手時的「 療癒日 」，以及當愛人離世後，在對方的生日或是結婚紀念日，前往墓園探望紀念，都是愛情中的重要時刻。

我們多數人都會認同的儀式，才能讓人留下更多的美好記憶，也才符合大家都願意給予祝福的期望，那麼至少參與的人要對儀式有足夠的理解。

## #儀式的行為

在節慶的紀念及慶祝過程中，儀式行為扮演了相當重要的角色。有些人對愛情中的儀式相對排斥，但也有人滿懷期待，就像交往一個月、一周年或是結婚一周年，對於在乎的人來說，一頓兩人晚餐或是美好的性愛時光，都可能是儀式的一部分，但是太過頻繁和缺乏創意的儀式，也會使愛情關係逐漸冷卻。因此，交往了五年的紀念日，換個地方旅行出遊也是一種慶祝儀式的轉換，即便是結婚有了小孩，兩人在對方生日的時候把小孩託給人家照顧，一兩個小時的浪漫電影時光，也是透過儀式感達成維繫愛情的好方式。

儀式行為對於愛情關係而言，還具有撫慰、安定人心的作用，尤其是其中一方使用創新的安排與準備，都能為雙方的愛情加溫；像是之前一人生病染疫，另一人細心照顧，等兩人的病都好了可以回歸正常生活時，一起去買個情侶裝紀念這次的回憶，雖然買衣服的行為本身沒有什麼了不起，但一起買衣服的過程和穿情侶裝的舉動，就是儀式感的建立，而當兩人下次再穿上這件衣服時，也會回想起那段患難與共的相守時光。

對於愛情中的儀式，儘管有人並不在意，甚至有人非常討厭在公開場合被迫接受這樣的愛情儀式，所以就算在夜黑風高的陽明山夜景前，兩人獨處的曖昧時光，一旦氣氛及時機對了，男生還是可以拿出事先準備好的禮物和告白台詞，正式尋求女生答應做自己的女朋友，不一定非要搞得人盡皆知。還有那種崇尚極簡主義的情侶，從告白、在一起到結婚，都採最簡單的方式完成。所以重點是用戀人雙方都能接受的方式進行，才是最重要的考量。

在愛情關係中的儀式，常常會運用到音樂、道具、表演，甚至是聚集的人群，讓集體達到情緒激昂的興奮狀態，這也就是強烈的「群體認同感」。不過這時我就必須特別提醒，有些儀式只能戀情中的一方自己找好朋友商量，像是告白跟求婚總不能事先問對方想怎麼進行吧？所以，現在也有越來越多能夠幫助我們籌備企劃愛情中重要儀式的品牌及團隊出現，畢竟我們究竟再怎麼專業也不可能常常告白求婚，但這樣的品牌團隊可是服務過無數戀人、身經百戰的呀！

## #意義與象徵

愛情的儀式中，最具代表性的就是結婚，婚禮儀式中的過程也持續反映了人們在社會及家庭中的連帶關係，負有一種神聖的使命，並具備使愛情不斷持續的功能。以婚禮儀式中，最具有愛情象徵的就是結婚誓詞，以美國天主教婚禮誓詞為例，像是：「我〇〇〇接受你〇〇〇作為我合法的妻子（丈夫）。從今天起，無論是順境或是逆境、富裕還是貧窮、健康還是疾病、快樂還是憂愁，我都將與你相伴，直到死亡將我們分開。」

不論食衣住行育樂，對於品牌來說，幫助消費者滿足儀式感的需求，可說是相當龐大的商機。儀式由「象徵物」及「象徵性行為」所組成，在愛情中需要儀式的機會很多，包含慶祝紀念、安慰療癒、表達信念、強化關係、階段改變及人際往來。儀式使我們在愛情中，加強屬於彼此的記憶感受，也將愛情的元素給具象化並賦予意義。

在不同階段的愛情儀式中，也都有雙方接受程度的差異，像是有人已經歷過社會的洗禮，好不容易要跟自己喜歡的對象告白時，會想到包含訂餐廳、準備禮物或鮮花，以及告白的台詞時機等，而這些流程就是儀式的一部分，對方也可能從戲劇、身邊朋友，或過去的經驗中判斷，這樣的儀式是不是能打動自己。

送禮物更是在愛情關係中，扮演著重要儀式的環節，禮物的類型選擇與價值，通常代表著贈禮者的心意及對雙方感情階段的特定承諾；有時，太過昂貴的禮物反而不盡然適合；像是告白的時候，若一下子就拿出車子或房子作為禮物，不但對方可能不敢接受，甚至會認為彼此的價值觀具有嚴重落差，反而讓戀情破局。但同樣地，過於廉價的禮物，也可能使愛情的象徵意義不足，例如男朋友在情人節送女朋友巧克力，若兩人已交往一段時間，有可能女生偏好的是特定品牌的精緻巧克力，結果禮物一打開，內容卻是極為平價、隨處可得的牌子，這時就可能造成雙方的不愉快。

同時，在儀式進行時，透過我們真誠的表達心意，加上品牌的幫助，就能使戀情更加事半功倍。因此許多品牌為什麼喜歡在情人節時操作行銷活動，原因就是為品牌的形象及服務賦予更高的價值感與意義，也讓情人節送禮時更容易被消費者選擇。

這時，只要品牌能獲得消費者認同，不論是禮物本身的價值或是行銷所賦予的意義，都能同時打動對方時，就是理想的選擇。因此像是一生只能訂製一次的 DR 鑽戒，或是有著浪漫愛情故事的 Tiffany & Co. 鑽戒，都成為消費者能立刻理解送禮者背後意義的贈禮品牌。

# 婚 禮

"Marry in June —— Good to the man and happy to the maid".

（在六月結婚——新郎幸福，新娘快樂。）

## #疫情的衝擊影響

連續幾年的疫情影響了人們的生活，正好都遇到了六月前後，台灣的婚慶產業受到東西方文化的影響，相對來說，在農曆的七月、新年的一月都是淡季外，除了單天的好日子可以選擇吉日，更有不少人嚮往西方的六月結婚季。也因此在婚慶宴飲的場地、禮服攝影服務外，不少相關產業也都將營業重心放在這個時候。

在後疫情時代，許多品牌與企業更要掌握不同以往的需求，並了解可能發生的市場變化，提供更符合消費者需求的產品服務。

根據網路平台「Marry 結婚吧 」2022 年的調查，新人對於結婚預算的分配，以「 婚宴 」花費占比53.9%最高，其次為婚戒（占12.5%）及喜餅（占 11.3%）；而宴請桌數影響婚宴費用，目前的主流為 15 ～ 20 桌，每桌費用則較疫情前漲 10%，使得新人們多選擇「 精緻美 」路線。由於疫情的影響，過去必須接受像是量多而不見得精緻的喜酒，或是包套行程的婚紗攝影套組，消費者都會更精打細算的去評估需求。

結婚不僅是新人之間的大事，也是兩個不同家庭的連結，近年來新人們結婚越來越有自己的想法和創意，特殊風格的婚禮跳脫了以往的儀式流程，但也有不少人仍願意尊重傳統，只是略為簡化減少繁瑣的傳統細節。但若是凡事需要新人親力親為的服務方式，也會因為太過麻煩而降低被年輕人接受的機會；因此，提供更合適消費需求的服務，並幫助其解決問題，才能獲得青睞。

## #婚慶需求的範圍

新人從決定結婚開始，包括喜餅、喜帖、婚紗攝影、婚宴、婚禮企劃、新娘秘書、婚禮佈置、婚禮紀錄（攝影／錄影）、婚禮小物、珠寶嫁妝、蜜月旅行、新居購買及裝潢、家具家電等，都圍繞在以婚慶為主的消費經濟。因此我從協助婚慶產業的過程中，大致將相關產業分成七大類：

1. 宴飲場地

2. 美容妝髮

3. 婚紗西裝禮服

4. 喜餅禮盒

5. 婚慶禮俗周邊

6. 蜜月旅行

7. 其他相關行業

另外，還包含像是近年來越來越被重視的婚禮攝影、新娘秘書、主持人，甚至活動企劃公司等。

結婚的新人自主決定婚慶規劃的比例越來越高，對除了產品及服務本身的條件外，也受到社群行銷及品牌溝通的影響更甚於家中長輩的建議。除了品牌知名度且近期負面評價少是相當重要的消費者參考指標外，還包含了品牌的理念以及品牌形象，是否能讓消費者產生認同。

婚慶品牌產業中，有許多屬中小企業、甚至是微型企業，單打獨鬥本身就很辛苦，碰上疫情更讓經營不易。業內周邊服務彼此組成合作團隊，或在服務項目上策略聯盟，不但能幫助消費者者更完善的解決問題，同時更能降低自身的成本壓力。

許多婚慶相關業者會採取異業結盟的策略，提高資源應用效益及團體競爭力的極大化，也能夠讓新人在每一個階段面臨選擇時能更為便利。像是婚宴場地、婚紗公司及婚禮企劃等業者相互合作，當新人在其中一個需求被滿足時，就有機會透過結盟推薦，來幫助新人節省選擇的時間，或是像婚慶展也會有喜餅、珠寶或蜜月旅行等業者與合作廠商提供特殊優惠，消費者只要願意包套式的購買，就能享有更便利便宜的服務。

# #創新的服務

從品牌經營者來說，只要體質還算健全且能撐到現在，多半也已經有了一些因應疫情的轉機，但如何走出現在的困境，就必須更瞭解消費市場的變化。以往包含喜餅禮盒採購、新人照片的確認、甚至場地佈置，我們都需多次不斷往返與提供服務的業者確認；除了實體的服務外，若具備功能優良的使用者導向網站，能讓新人下單更方便，都更能符合消費者因疫情下所養成的消費習慣。

甚至能透過線上隨時確認場地、婚攝照片、妝容及服裝形式，以降低認知落差，都是婚慶業者相當重要的轉型方向。例如婚禮中出現許多創新的儀式活動和表演互動，只要業者能滿足消費者需求，就能讓新人願意在婚慶中多花點開銷，對婚慶產業業者來說，不斷推陳出新多種服務的選擇組合來滿足新人的期望，也是相當具有挑戰性的功課。

新人若是不方便到西裝或禮服店消費，以男生為主的西服業者，可以在接受客戶預約後，以專人到府的服務方式進行客戶身型的丈量，再將完成的成品寄出或到府修改。新娘禮服業者則可應用 AR 或 VR 技術，用虛擬方式更彈性的協助新娘解決禮服試穿時的不便。同時婚慶業者若能持續探索善用數位工具的行銷新方向，更能為廠商及新人找到更多可能的服務模式與價值空間。

例如 2010 年進入市場的「 西服先生 」，從主攻男性西服訂製，到發現女性穿著西裝的比例一直攀升，於是創立第二品牌「 西服小姐 」，也成為台灣第一個專注為女性提供西服訂製的品牌。除了與跨領域的設計師與藝術家合作創造嶄新的西服風貌外，在一般基礎版型訂製外，也提供給有不凡想法、追求獨特性及品味卓越的高階客戶及婚禮需求的新人，設計款式出眾、不同以往的新人風采。這時若新人希望能在婚慶服裝上有所圖突破，就可能選擇這樣具有客製化服務的新創品牌。

## #新人的自主意識提升

過去婚紗攝影的傳統作業方式，容易使消費者感覺婚紗照流於普通，妝容姿勢及拍攝場景常常都會有「 撞照 」的感覺。有次我連續參加 3 場婚禮，其中兩場新人的婚紗照可說是非常相似，有種奇妙的既視感。另外，有些婚紗攝影公司採取相同的化妝師或攝影師同時服務多對新人的情況，導致拍攝過程及產出的作品品質都不盡理想。隨著消費者對服務水平的要求提高，以及個性化的需求，私人訂製及半客製化的攝影工作室也開始興起，服裝造型或拍攝風格都可更視消費者的需求而進行調整。

甚至是場景的選擇、攝影師、化妝師、燈光師等都更具專屬性，也可以更滿足新人的特定需求，像是水下婚紗攝影或是出國拍攝，可以想見，費用自然也會高出許多。也有不少消費者喜歡主題式的婚紗攝影，例如復古風格、學生時代、文藝清新、中式古典、生活紀實及趣味搞怪，而這時除了照片，還包含沖片、相框、相冊、後期製作等服務都需要配套，因此消費者也會很在意服務價格的透明度及合理性。

不過，多數人在婚後其實也很少再拿出實體相冊來回味當時的記憶，因此除了婚禮現場給人翻閱或是做成小卡片致贈親友的紀念謝卡外，因應婚禮播放的需求及社群分享，更多人選擇了數位看片來挑選並保存珍貴的婚禮記憶。這時數位化的服務與多樣性的照片應用，也成了新人們評估婚紗攝影公司的考量因素。

## #婚宴內容的多元性

具備經濟自主能力的新人，通常不太願意長輩主導自己的婚禮，而是從整個籌辦的過程都由兩人自己經手，只有特定的儀式或禮數安排，才會詢問確認長輩的意見。尤其是兩人希望有更為特別的回憶時，帶有個性化的主題、特殊私人訂製的婚宴菜色，甚至是婚禮當中的節目安排，都希望能帶有兩人的特色和想法，也越來越多有才華的新人，選擇在自己的婚宴加入表演活躍氣氛，還有很多情侶因為所飼養的寵物就像自己的兒子女兒一樣，也會加入婚禮的儀式或表演中。

從入口的招待處旁的收禮桌邊，會擺放簽名綢、謝卡或是婚紗本、各桌的桌卡及菜單、舞臺整體風格、送客時的拍照背板、甚至是每一桌的宴席設計，都能充分展現新人的巧思。我們選擇婚宴場地時，會考慮會場所提供使用的軟硬體，硬體的部分像是空間大小及動線格局、可使用的影音設備及舞台、整體空間的設計與布置以及婚宴所在地點的交通便利性。

軟體的部分則包含了菜色內容、上菜的流程或儀式、配合的婚禮主持人及其他相關配合團隊。若是選擇戶外婚禮時，場地業者的整體配套方案更是關鍵，因為戶外有許多不可控制的風險，有經驗的業者才能事先準備並妥善因應。近年來不少新人希望將婚禮辦在戶外，像是草原、休閒農場、露營場地，甚至也有規模小但精緻的婚禮，且在婚禮布置風格上，也加入了像是歐式奢華、古典優雅、美式鄉村、簡約溫馨及暗黑哥德風等有別於過往的婚禮需求。

越來越多婚禮佈置業者會幫助新人省錢，同時在環保意識抬頭的情況下，將像是婚禮背板、佈置小物及拍照打卡點等，採用可重複使用回收的材質，不但降低了新人的支出，也能更有效的利用資源，但還是有少數新人會選擇製作全新的婚禮布置物件並買斷，為了自己能重複回憶並自行利用。

## #相關禮品的選擇

婚慶禮品能夠傳達出贈送方與新人之間的關係，在婚慶禮品的選擇上，也是品牌可以著墨的空間。許多年輕世代喜歡更具個性化的風格婚禮，因此來賓送給新人的特別禮物，以及新人回送給參與婚禮賓客的創意婚禮小物也是龐大的商機。從參加婚禮的來賓角度思考，與新人彼此關係親疏程度來選擇；例如我們選購喜糖時，也會根據婚宴的等級來選擇價格等級。

若是贈禮的對象是每人一份時，常會因為數量龐大而選擇較為平價但是富有意義的禮物，並事先放在席間各餐桌上，或是賓客離開時發送，使來賓能更便利的取得。但如果是傳統習俗中，發給女方親友及男方少數特定親友的喜餅，就必須慎重挑選，而且除了現場發送外，還有的會特別提前，寄送給未能出席婚宴但會包禮金的人，並親送給至親好友。

另外，選購禮品時的包裝也是很重要的考量因素，從色彩、材質、圖案、造型等，例如紅色在婚禮中象徵熱烈和喜慶，而圖案中的鴛鴦象徵愛情。但也有越來越多新人對禮品的選擇更偏向精緻，考慮品牌的知名度及社會及網路評價，所以近年來包含手工喜餅與禮物、限量的進口品牌以及新人親手包裝都越來越常見；另外不論是桌上的喜糖選用進口的棒棒糖，還是喜餅採用富有社會意義的庇護工場品牌，都能賦予這場婚禮及愛情不同的象徵意義。

## #承諾的象徵

國際珠寶品牌以企業化的經營手法，針對品牌溝通、通路管理以及故事行銷等面向，運用大量資源投入，更願意嘗試不同的行銷工具，包含微電影、社群媒體、事件議題創造及電商，將品牌塑造得更具市場區隔定位。De Beers 戴比爾斯、Tiffany & Co. 蒂芙尼、PANDORA 潘朵拉等品牌掌握了消費者對愛情的憧憬，並成功運用媒體塑造出品牌能賦予的情感價值意義，讓消費者願意付出代價購買，期望能擁有品牌飾品作為與另一半愛情承諾的證明，施華洛世奇 SWAROVSKI 則是切入了輕奢市場，滿足了年輕人能夠透過珠寶，達到自我證明的入門磚。

新人在婚慶需求上互相贈與的貴重物品，以金飾及鑽石為消費的主力，像是在求婚時因為預算及品牌考量，常會選購 0.5 克拉至 1 克拉的鑽戒，比較有財力的消費者則會選擇 1 克拉的鑽戒。同時若還選購了其他婚禮及其他儀式上需要用到的飾品，也都是品牌的切入點；另外像是與明星同款的婚禮珠寶也很受歡迎。對於婚慶儀式來說，貴重物品的贈與是意義大於實質考量，所以也有新人以租用的方式或接受長輩留下的祖傳貴重飾品，也是一種選擇。

國內的年輕消費者對品牌的偏好與建立，更容易受到意見領袖、網紅及同儕團體的影響，也因此在感性與理想的期待中，更加嚮往透過擁有國際品牌來滿足內心的渴望。在婚慶的需求上，珠寶及貴金屬飾品仍然扮演著重要角色，只是如何讓新人更願意買單，還是視為儀式中的象徵，不願意花大錢購買，就要看品牌能不能繼續在消費者心目中佔有一席之地了。

# 蜜月

## #特別意義的旅行

結婚典禮之後的重要儀式之一，就是蜜月（honeymoon）旅行，這也是兩人進入新婚的階段後，專屬的特定甜蜜時光。一般來說，蜜月旅行的支出金額會比常態性旅遊高出一些，一來是因為許多新人願意付出更多，讓愛情的里程碑有個美好的特殊回憶，二來通常蜜月只有一次，就算之後結婚紀念日要再去旅行，也可能因年紀、有小孩或是工作因素而難以全心投入，更何況不少公司也有所謂的蜜月假，更是新人出遊合情合理的機會。

我們在選擇蜜月行程時，包含日期、地點、天數、方式、費用及附加價值都會考量進去。越來越多新人也因為年輕時就有出國經驗，或是嚮往異國旅行的新鮮感，所以蜜月旅行更希望選在國

外，才能有特殊的回憶機會，但因為疫情的衝擊，近幾年多數的蜜月旅行則是在國內進行，所以不少人期望解封後能「 二度蜜月 」。市場上多數的蜜月旅行都是交由專業的旅行社安排處理，尤其是專辦蜜月旅行團的品牌，因為需求與成員都跟一般旅行不同，所以若是期待有場順利而浪漫的蜜月之旅，了解旅行業者的口碑評價和行程中的相關細節，都非常重要。

## #選擇的目的地

基於愛情升溫的期待下，新人選擇蜜月旅行的住宿場所時，具有故事與文化的飯店常常是首選，像是曾經有名人來訪住宿或是拍愛情戲的地點，更是有話題、容易中選。對於蜜月目的地的印象也很重要，除非對兩人有特殊意義，不然所去的國家與城市是否具浪漫氣息、值得品嘗的特殊美食及米其林餐廳料理等，都會影響新婚夫妻最後的選擇；像我自己就很喜歡義大利及與基督教／天主教相關的元素，同時在希望參加面具節的期待下，選擇前往該國度蜜月。

國人心目中的蜜月地，包含像是一島一飯店的馬爾地夫，有著靜謐不被打擾的私人空間，以及漂亮的海島景色；法國則是洋溢著浪漫的氣息和愛情故事。另外像是有人信仰基督教，就可能會選擇基督或天主教國家；同時像是特定節慶與活動，也可能是消費者選擇的原因，例如義大利的面具節、巴西的嘉年華，也都是不少人蜜月旅行的選擇。若是從文化熟悉度來說，像是日本、泰國及中國大陸，也是不少人的蜜月旅行選項，況且到了當地可以血拚紀念品、精品及禮物，這雖然不是蜜月旅行的關鍵，卻也是重要的附加價值考量之一。

## #自主性提高

不過現在也有越來越多的年輕新人，選擇自由行的方式來度蜜月，就是由旅行社安排機票交通、住宿，在沒有導遊隨行的情況下，其旅遊行程、線路及餐飲等均由旅客自行安排，一來是較為省錢，再者就是不希望時間被綁死，有更大的彈性空間。尤其是因為疫情之故，在國內蜜月旅行不論是交通或是訂房，連機票都省了，更能索性直接全數按照自己的需求決定行程，這也可以說是新一代的蜜月旅行方式。對於品牌來說，幫助消費者的規劃蜜月旅行服務，關鍵就在於對愛情行銷的應用，而不只是一般的行程安排。

不過對旅行社來說，目前主攻蜜月市場的品牌並不多，一來是消費者相對的要求較高，再者是因為多數消費者還是希望能出國蜜月，且特定國家又是蜜月旅行的重要熱點，在維持旅遊行程、新人需求及高度口碑經營的條件下，必須具備比其他旅行社更高度的專業，以及對愛情行銷的敏感度，同時當新人有特殊需求時也必須能適當滿足；例如不少人會在度蜜月時順便加拍婚紗照，那麼導遊及領隊還得具備攝影及拍照技巧，才能為新人留下美好的回憶。

# chapter 12

# 是起點也是終點

當我們討論了這麼多關於愛情與行銷的關係之後，最後就來聊聊消費者與品牌之間的愛情吧！在愛情的每個階段中，我們常常必須面對戀情期待的開始、浪漫的過程，也可能必須接受傷心的爭執、痛苦的結束。但其實即便是天子驕子或眾星拱月的公主，也難免在愛情中遇到挫折，也因此這就是為什麼，當我們需要幫助的時候，品牌能在愛情中扮演著不同階段的角色，陪伴消費者在愛河中擺渡飄搖、持續前進。

但同樣地，當品牌不論是運用行銷技巧來創造議題，還是以品牌原生故事為我們帶來想像，如果在情人節時希望消費者選擇我們品牌的珠寶作為象徵愛情的信物，或是當新人走進婚禮禮堂時能感受到所挑選的婚宴場地所帶來的祝福，這對品牌經營者而言，更是必須將自己的形象，甚至是品牌文化，納入「與消費者戀愛」的精神。

還記得當初我在選擇婚戒的時候，Tiffany 的故事與象徵早就成了不少女生心目中的指定品牌，也因此即便掙扎與比較過其他品牌後，我最終還是接受了這個品牌所訂下的價格。有趣的是，即便是男生自己一人心懷忐忑地前往品牌上門選購，期間並經歷了無數次必須的確認過程，以避免最後的選擇新娘不滿意，在我與品牌接觸的每次服務中，總是能讓人感到安心。

但是當我詢問身邊有同樣經驗的其他男性友人時，卻也得知有的品牌，就算是透過行銷塑造出賦予愛情意義的品牌形象，但是當消費者真的上門付錢購買時，卻感覺自己好像遇上了愛情騙子。

同樣地，當我們因為看到廣告微電影，受到品牌設定吸引，相信該糖果甜點可為戀人的愛情關係帶來助力，結果購入準備告白時卻發現，收到的蛋糕和社群上的照片明顯不符，或是訂了不便宜的糖果花束，吃到一半居然發現有蟲！這些時候品牌與消費者的關係，可能就像發現對方外遇一樣的糟糕。

也因此，我們透過本書，不但能更了解消費者在愛情關係中的每個階段面貌，也能從書中參考許多提到品牌可以結合的行銷方式；但是就像愛情的本質一樣，品牌必須要有足夠的用心及努力，並且真的將消費者視為如同愛人般的關係來思考，才不會不但戀愛談不成，還讓消費者將品牌視為渣男渣女。

另外，消費者選擇品牌的同時，一樣會有許多的競爭者出現，這就像是愛情中，既希望對方愛上自己，但有時消費者可以在不同的階段重複選擇：像是約會時挑選了 A 品牌的西裝，但告白求婚時可能會換 B 品牌。然而若是我們能讓消費者真心愛上了品牌時，即便消費者的戀情從雙方開始談戀愛到滿頭白髮的遲暮之愛，心目中的首選都仍還是我們的品牌。

也因此，品牌經營也就像經營愛情一樣，行銷的方式與手法雖然可以吸引對方的注意，在成功交易的同時也如同與消費者愛情關係的建立，但是當我們真心希望與消費者建立長期的關係，將品牌與愛情行銷綁定，且使消費者不論在使用品牌產品或接受服務時都能感受到品牌的照顧與用心，再加上品牌持續塑造外在的美好形象，並對消費者關係管理的持續努力下，使消費者即便沒有再次結婚的購買需求，卻會在每次的結婚紀念日時都再次回購品牌商品，或是即便在單身時也會想選購品牌商品來「 先愛自己 」，這時，品牌才是真的走進了消費者心裡。

【渠成文化】Brand Art 006

# 愛與戀 從談情說愛洞見品牌新商機


作　　者　王福闓

圖書策劃　匠心文創

發 行 人　陳錦德

出版總監　柯延婷

執行編輯　蔡青容

封面設計
內頁編排　賴　賴

封面與內頁攝影／服裝　西服先生 贊助

E-mail　cxwc0801@gmil.com

網　　址　https://www.facebook.com/CXWC0801

總 代 理　旭昇圖書有限公司

地　　址　新北市中和區中山路二段352號2樓

電　　話　02-2245-1480（代表號）

定　　價　新台幣420元

印　　刷　上鎰數位科技印刷

初版一刷　2023年04月

ISBN 978-626-96557-9-3(平裝)





國家圖書館出版品預行編目(CIP)資料

愛與戀：從談情說愛洞見品牌新商機/王福闓著. -- 初版. --
臺北市：匠心文化創意行銷有限公司, 2023.04
　面；　公分
ISBN 978-626-96557-9-3(平裝)
1.CST:行銷策略 2.CST:品牌 3.CST:戀愛

496　　112004641